高等学校计算机基础教育教材

C/C++程序设计进阶实验指导与习题解析

（第2版）

张玉春 主编
赵永华 王洋 副主编
孙元 黄玥 刘通 李晓峰 杨卉 段云娜 张春飞 曹婧华 胡瑞华 参编

清华大学出版社
北京

内 容 简 介

本书是与教材《C/C++程序设计进阶教程》(第2版·微课视频版)配套的学习指导与实验用书,由上机实验指导、主教材各章习题参考答案、C语言练习题及参考答案三部分组成。第一部分上机实验指导,每个实验都先说明实验目的,再以实验案例引导学生,最后给出具体的实验内容,并要求学生进行总结和分析。第二部分主教材各章习题参考答案给出《C/C++程序设计进阶教程》(第2版·微课视频版)各章习题的参考答案。第三部分C语言练习题及参考答案给出大量练习题供学生使用,有助于学生掌握所学知识。本书所配程序代码可以从清华大学出版社官网下载。

本书可作为高等院校本科及专科C/C++程序设计课程的教材,也可作为自学者的参考用书,还可供相关考试的应考人员复习参考。

图书在版编目(CIP)数据

C/C++程序设计进阶实验指导与习题解析/张玉春主编. —2版. —北京:清华大学出版社,2023.5
高等学校计算机基础教育教材
ISBN 978-7-302-63395-2

Ⅰ.①C… Ⅱ.①张… Ⅲ.①C语言—程序设计—高等学校—教学参考资料 Ⅳ.①TP312.8

中国国家版本馆CIP数据核字(2023)第066854号

责任编辑:薛 杨
封面设计:常雪影
责任校对:郝美丽
责任印制:宋 林

出版发行:清华大学出版社
网 址:http://www.tup.com.cn,http://www.wqbook.com
地 址:北京清华大学学研大厦A座 **邮 编**:100084
社 总 机:010-83470000 **邮 购**:010-62786544
投稿与读者服务:010-62776969,c-service@tup.tsinghua.edu.cn
质量反馈:010-62772015,zhiliang@tup.tsinghua.edu.cn
印 装 者:大厂回族自治县彩虹印刷有限公司
经 销:全国新华书店
开 本:185mm×260mm **印 张**:12.25 **字 数**:283千字
版 次:2019年1月第1版 2023年7月第2版 **印 次**:2023年7月第1次印刷
定 价:49.00元

产品编号:093276-01

前言

本书是与清华大学出版社出版的《C/C++程序设计进阶教程》(第2版·微课视频版)配套的实验指导与习题解析。

本书由上机实验指导、主教材各章习题参考答案、C语言练习题及参考答案三部分组成。每部分的内容都与《C/C++程序设计进阶教程》(第2版·微课视频版)的内容相呼应。第一部分上机实验指导,每个实验都先说明实验目的,再给出具体的实验内容,并要求学生进行总结和分析。认真完成这些实验,能够极大地提高学生的编程能力。第二部分主教材各章习题参考答案给出《C/C++程序设计进阶教程》(第2版·微课视频版)各章习题的参考答案。第三部分C语言练习题及参考答案根据各章知识的要点和难点,选择了一些典型练习题,题型包括选择题、填空题、程序填空题等,并给出了参考答案。这些练习题有助于训练学生理解和掌握所学的基本概念与基本语句、编程的思想和方法,从而让学生快速掌握所学知识。

本书内容丰富,条理清晰,重点突出,能帮助初学者快速且牢固地掌握C语言知识,既可作为高等院校C语言教学的配套教材,也可作为C语言程序设计初学者和爱好者的自学用书。

参加编写的作者及编写内容如表1。

表 1

作者姓名	编写内容
王洋	实验1、实验9;习题1、习题8;练习8
赵永华	实验2;习题2;练习1
李晓峰	实验3、实验4;习题3;练习2、练习3
黄玥	实验5、实验12.3;习题4;练习4
孙元	实验6;习题5;练习5
张春飞	实验7.1、实验7.2;习题6中1~7;练习6中填空题、选择题
曹婧华	实验7.3;习题6中8~14;练习6中程序填空题、程序结果选择题
刘通	实验8、实验12.1、实验12.2;习题7;练习7
段云娜	实验题、习题和练习题中所有有关文件内容的题目

续表

作者姓名	编写内容
杨卉	实验 10;习题 9～习题 11;练习 9
张玉春	实验 11.1、实验 11.2;习题 12、习题 13;练习 10
胡瑞华	实验 11.3;习题 14

在本书的编写过程中得到了吉林大学公共计算机教学与研究中心领导的大力支持，在此表示感谢。在本书的出版过程中得到清华大学出版社的大力支持，在此一并表示感谢。

由于编者水平有限，书中难免存在不足之处，敬请读者指正。为方便教师的教学工作和读者的学习，本书有配套的实验和习题的源程序代码，可通过清华大学出版社与编者联系获取，或在清华大学出版社网站(www.tup.tsinghua.edu.cn)下载。

编　者

2023 年 2 月

目录

第一部分

上机实验指导

实验1　C语言运行环境与C程序调试方法

实验1.1　在Microsoft Visual Studio 2010环境下设计C程序的基本步骤

【实验目的】

- 熟悉C程序设计编程环境Microsoft Visual Studio 2010，掌握运行一个简单C程序的基本步骤，包括编辑、编译、连接和运行。
- 掌握C程序设计的基本框架，能够编写简单的C程序。
- 了解程序调试的思想，能找出并改正C程序中的语法错误。

【实验内容】

1. 在C盘根目录下以“学号＋姓名”为名建立一个文件夹，每个程序的项目目录都存到该目录下。例如，文件夹名为“42110101李一”。

2. 调试示例，在屏幕上输出一个字符串"This is an experiment!"。

程序代码如下：

```
#include <stdio.h>                              //预处理部分,输入输出函数的头文件
int main()                                      //主函数
{
    printf("This is an experiment!\n");         //输出一行信息
    return 0;                                   //main函数的返回值
}
```

运行结果：

```
This is an experiment!
```

程序调试基本步骤：

(1) 启动Microsoft Visual Studio 2010。

选择“开始”→“程序”→Microsoft Visual Studio 2010→Microsoft Visual Studio 2010

菜单命令，进入 Microsoft Visual Studio 2010 编程环境。如果桌面上有 Microsoft Visual Studio 2010(简称 VS 2010)的快捷方式(如图 1-1 所示)，则可通过双击 VS 2010 在桌面上的快捷方式，打开 VS 2010 的集成开发环境窗口(如图 1-2 所示)。

图 1-1　Microsoft Visual Studio 2010 的桌面快捷方式

图 1-2　Microsoft Visual Studio 2010 中文版主窗口

(2) 新建项目。

在 VS 2010 窗口中，选择“文件”→“新建”菜单命令，单击“项目”选项卡，然后选择“Win32 控制台应用程序”选项，在“位置”文本框中输入准备建立的项目的存储路径(如“C:\42110101 李一”)，在其上方的“名称”文本框中输入准备建立的项目的名字，单击“确定”按钮(如图 1-3 所示)，然后单击“下一步”按钮，在“应用程序设置”选项卡中选择“空项目”选项(如图 1-4 所示)，单击“完成”按钮。

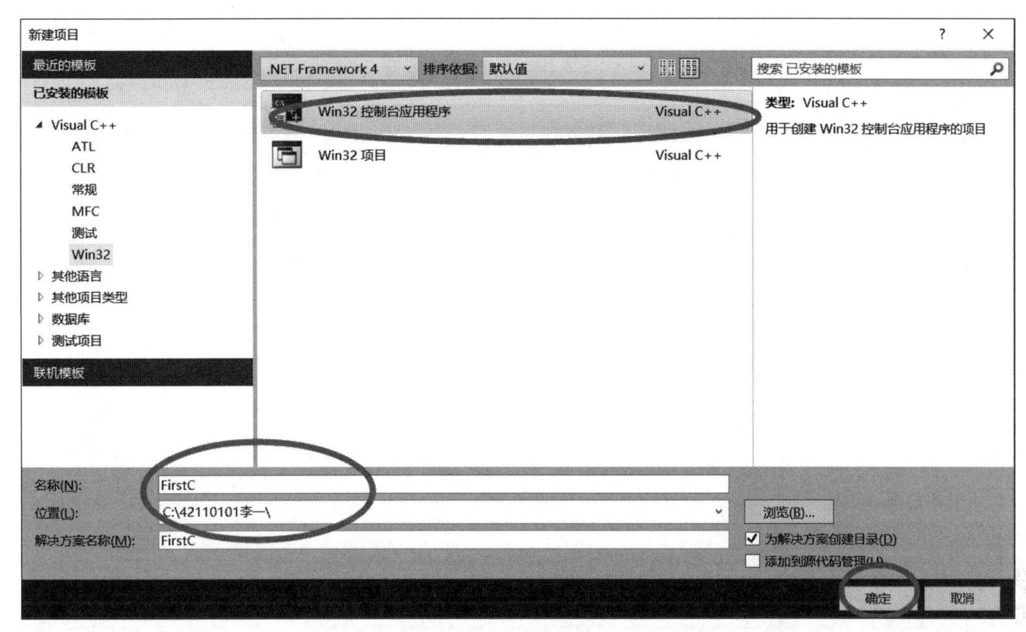

图 1-3　创建项目

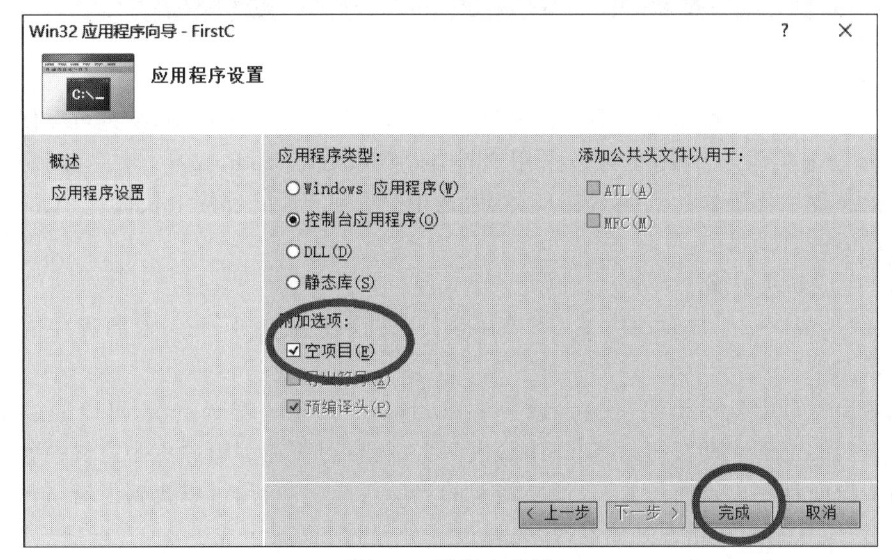

图 1-4　选择空项目

(3) 新建文件。

在 VS 2010 解决方案资源管理器窗口的“源文件”处右击，选择“添加”→“新建项”菜单，在弹出的对话框中选择“C++ 文件”选项，然后在“名称”处输入源文件名称(如图 1-5 所示)，单击“添加”按钮。

(4) 编辑和保存源文件。

在编辑窗口输入源程序，然后选择“文件”→“保存”菜单命令或“文件”→“另存为”菜

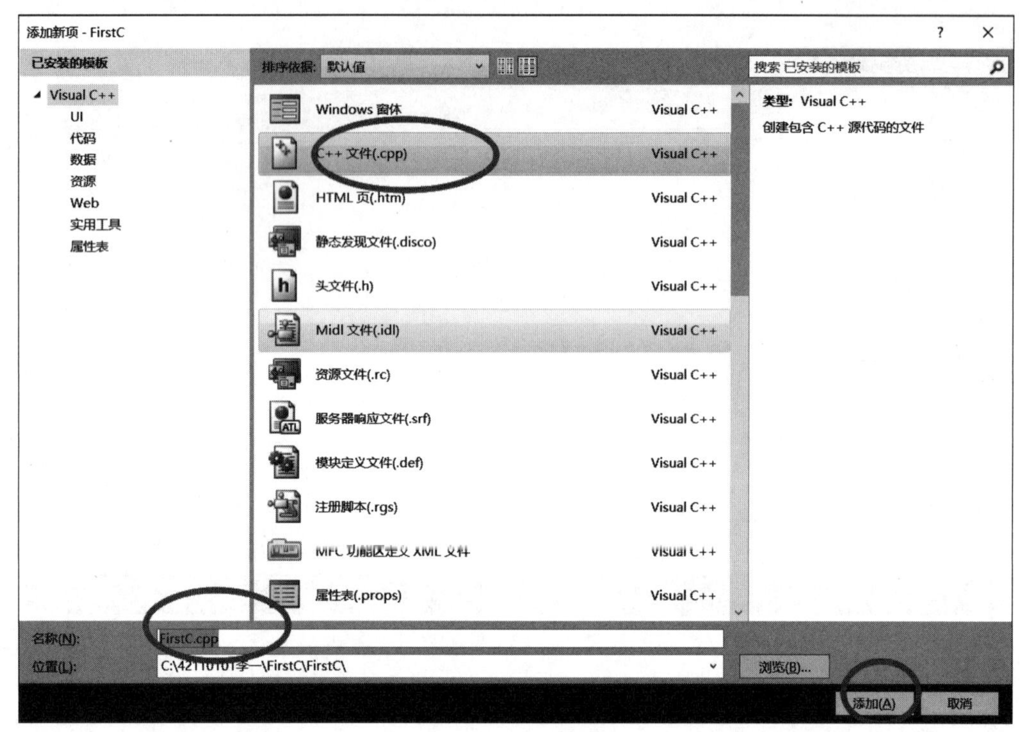

图 1-5　新建文件

单命令保存文件。在编辑窗口书写源程序代码时,一般采用缩进风格,缩进可以使用空格键或 Tab 键来实现。另外,也可以采用 Microsoft Visual Studio 2010 软件自动排版,方法是先把源程序代码输入到编辑窗口,然后选中全部代码,接着按下快捷键 Alt+F8,就可完成代码的自动排版。

(5) 生成解决方案。

选择"生成"→"生成解决方案"菜单命令,或按快捷键 Ctrl+F7,对源程序文件进行编译链接。

在输出窗口中显示错误(error)或警告(warning)信息。若有错误,可以通过单击输出窗口右侧的上下滚动按钮,在窗口中依次双击出错信息,在编辑源程序窗口中就会出现一个箭头指向程序出错的位置,一般在箭头的当前行或上一行,可以找到出错语句。在改正错误时,应从第一条错误开始修改,每修改一处错误,重新生成一次,直至出现"0 error(s),0 warning(s)"。当没有错误与警告出现时,输出窗口所显示的最后一行应该是"成功 1 个,失败 0 个,最新 0 个,跳过 0 个",如图 1-6 所示。

(6) 运行程序。

生成成功后,生成可执行程序。选择"调试"→"开始执行(不调试)"选项,也可按组合键 Ctrl+F5,运行可执行程序,执行后将出现一个类似于 DOS 窗口的界面,如图 1-7 所示。

(7) 关闭项目。

当程序调试成功以后,应该先关闭当前项目,才能进行下一个项目的调试。选择"文

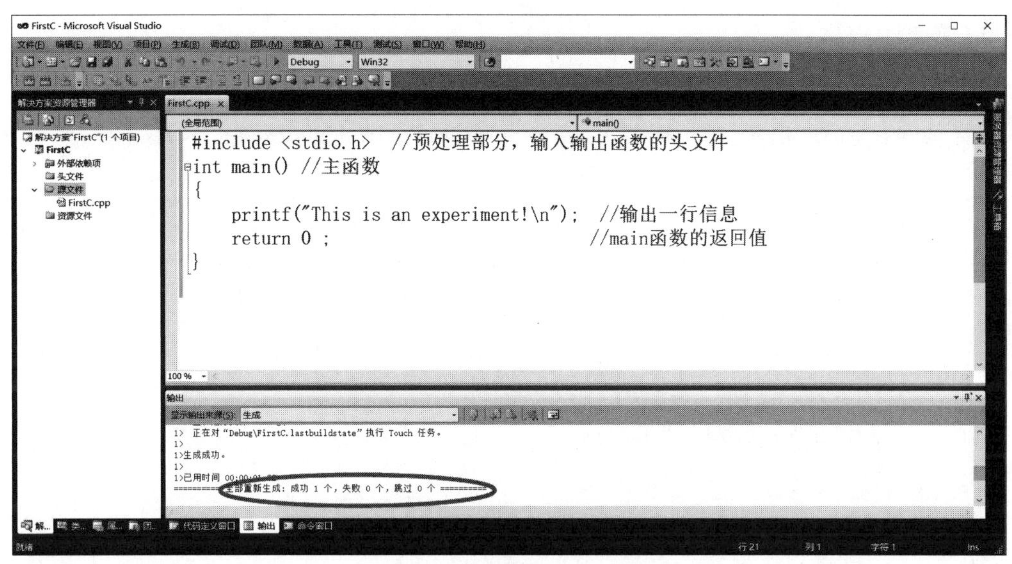

图 1-6　编译后的输出窗口

图 1-7　执行文件窗口

件”→“关闭解决方案”菜单命令，即可关闭当前项目。

(8) 打开项目。

项目关闭以后，若想重新打开该项目进行检查或修改，可选择“文件”→“打开项目或解决方案”，找到该项目的解决方案名，双击即可。

实验 1.2　在 Microsoft Visual Studio 2010 环境下调试 C 程序

【实验目的】

- 掌握调试一个简单 C 程序的基本过程。
- 了解程序调试的思想，找出并改正 C 程序中的语法错误。

【实验内容】

1. 在屏幕上输出一个字符串"How are you!"。

程序代码如下(注意,该程序有误,读者需要阅读代码并找出错误):

```
#include <stdio.h>
int mian()
{
    printf(How are you!\n")
    return 0;
}
```

运行结果(改正后的运行结果):

```
How are you!
```

操作步骤:

(1) 按照实验 1.1 中介绍的步骤(1)~步骤(4)输入上述源程序并保存。

(2) 选择“生成”→“生成解决方案”菜单命令,对源程序进行编译链接。信息窗口中显示编译错误信息,如图 1-8 所示。

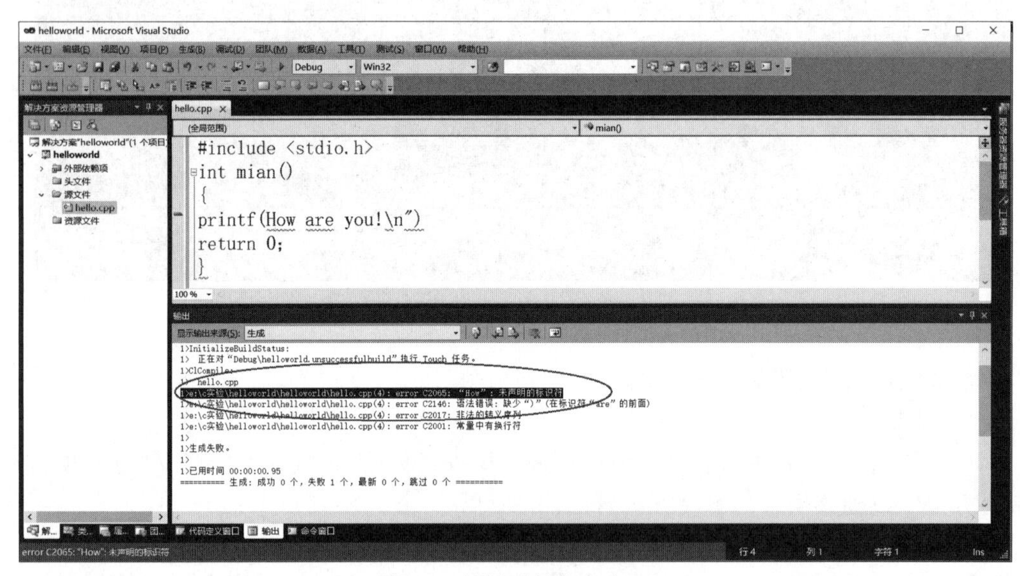

图 1-8　编译后的信息窗口

错误提示“未声明的标识符”,此处少写了双引号,改正后重新生成解决方案。

(3) 此次出错信息提示为“缺少‘;’(在'return'的前面)”,改正错误后重新生成解决方案。

(4) 此次出错信息提示为“无法解析的外部符号 _main”,出错信息提示缺少主函数,把 mian 改为 main 后,重新生成,信息窗口显示生成成功。

(5) 运行。选择“调试”→“开始执行(不调试)”选项,运行程序,观察运行结果是否与要求一致。

2. 改正程序中的错误,使之能够在屏幕上显示以下3行信息。

```
**************************
Welcome to Jilin University
**************************
```

程序代码如下(有错误):

```
#include  <stdio.h>
int main()
{
    printf("************************\n");
    printf("Welcome to Jilin University")
    printf("************************\n");
}
```

3. 编程并调试,在屏幕上显示一个字符串"This is my first c program."。

【思考题】

思考在实验过程中自己遇到的问题,试一试能否找到解决问题的方法。

实验2　基本类型数据运算及其输入输出

实验2.1　基本类型数据及其运算

【实验目的】

- 掌握基本类型变量的定义。
- 掌握C语言运算符的使用。

【实验内容】

1. 取出一个3位整数的各位数字并输出。
程序代码如下:

```
#include <stdio.h>
int main()
{
    int x=123; int c1,c2,c3;
    c1=x%10;
    c2=x/10%10;
    c3=x/100;
```

```
    printf("%d,%d,%d\n ",c3,c2,c1);
    return 0;
}
```

运行结果：

```
1,2,3
```

(1) 若将程序中的 printf 语句改为“printf("%d%d%d",c3,c2,c1);”,运行结果会是什么?

(2) 列出求 x 的各位数字的其他方法。

2. 自增运算符(++)的使用。

运行如下程序,并分析运行结果。

```
#include <stdio.h>
int main()
{
    int x=2,y,z;
    y=++x;
    z=x++;
    printf("x=%d,y=%d,z=%d\n ",x,y,z);
    return 0;
}
```

3. 有如下程序：

```
#include <stdio.h>
int main()
{
    int x=6,y,z;
    x+=x*=x-2;
    printf("x=%d\n",x);
    printf("%d\n ",(y=z=5,y--,z+1,y+z));
    return 0;
}
```

运行程序并分析结果。

4. 编程实现：不使用 if 语句交换两个变量的值。

实验 2.2　数据的输入输出

【实验目的】

- 掌握文件打开函数 fopen 和文件关闭函数 fclose 的使用方法。
- 掌握文件格式化读函数 fscanf 和文件格式化写函数 fprintf 的使用方法。

【实验内容】

1. 为使得 a=1,b=2,c='A',d=5.5,在键盘上正确输入数据。

程序代码如下:

```
#include <stdio.h>
int main()
{
    int a,b;
    char c;
    float d;
    scanf("a=%d  b=%d",&a,&b);
    scanf("%c  %e",&c,&d);
    printf("a=%d,b=%d,c=%c,d=%f",a,b,c,d);
    return 0;
}
```

(1) 运行程序,输入:

```
a=1␣b=2
A␣5.5
```

会产生什么结果?与要求值是否相同?

(2) 若输入:

```
a=1␣b=2A␣5.5
```

会产生什么结果?与要求值是否相同?

2. 有如下程序:

```
#include <stdio.h>
int main()
{
    int a, b;
    float d, e;
    char c1, c2;
    a=12; b=3456;
    c1='a'; c2='b';
    d=1234.56789; e=0.123456789;
    printf("a=%d,b=%d\nc1=%c,c2=%c\n",a,b,c1,c2);
    printf("d=%f,e=%f\n",d,e);
    printf("d=%10.3f,e=%10.4f\n",d,e);
    return 0;
}
```

(1) 运行程序,对照结果分析各语句的作用。

(2) 将程序中的 printf 语句修改为如下形式,然后运行程序,查看结果。

```
printf("a=%4d,b=%2d\nc1=%3c,c2=%-3c\n",a,b,c1,c2);
printf("d=%-f,e=%-f\n",d,e);
printf("d=%-10.3f,e=%-10.4f\n",d,e);
```

(3) 修改程序,不使用赋值语句,而用下面的 scanf 语句:

```
scanf("%d%d%c%c%f%f",&a,&b,&c1,&c2,&d,&e);
```

① 按照程序原来的数据格式,如何为上述变量提供数据?

② 使用如下格式输入数据:

```
60␣70␣a␣b␣5.67␣-6.78
```

为什么得不到正确的运行结果?

3. 运行如下程序:

```
#include <stdio.h>
int main()
{
    int a, b;
    float d, e;
    char c1, c2;
    a=12; b=3456;
    c1='a'; c2='b';
    d=1234.56789; e=0.123456789;
    scanf("%d%d",&a,&b);
    c1=getchar();
    c2=getchar();
    scanf("%f%f",&d,&e);
    printf("a=%d,b=%d\nc1=%c,c2=%c\n",a,b,c1,c2);
    printf("d=%.2f,e=%.2f\n",d,e);
    return 0;
}
```

输入:

```
50␣60
A
B
```

程序会输出什么结果?运行程序验证所分析的结论。

4. 有如下程序:

```
#include <stdio.h>
int main()
{
    int x=3,y=2,z=1;
    printf("%d,%d\n",(++x,y++),z+2);
```

```
    return 0;
}
```

运行结果：

```
2,3
```

分析得到此结果的原因。

5. 有如下程序：

```
#include <stdio.h>
#include <stdlib.h>
int main()
{
    char c1,c2;
    int n;
    float f;
    scanf("%c%c%d%f",&c1,&c2,&n,&f);
    FILE * fp;
    if((fp=fopen("myinput.txt","w"))==NULL)  //以写方式打开文本文件 myinput.txt
    {
        printf("cannot open file\n");
        exit(0);
    }
    fprintf(fp,"%c%c %d %f",c1,c2,n,f);       //写入文件
    fclose(fp);
    return 0;
}
```

(1) 运行程序，当从键盘输入 in 10 1.5 时，写出文件 myinput.txt 中的内容。
(2) 运行程序，当从键盘输入 in 10 1.5 时，写出文件 myinput.txt 中的内容。
(3) 分析文件中内容不同的原因。

6. 运行以下程序，分析文件 myinput.txt 中的内容变化原因。

```
#include <stdio.h>
#include <stdlib.h>

int main()
{
    char c1,c2;
    int n;
    float f;
    FILE * fp;
    if((fp=fopen("myinput.txt","r+ "))==NULL)     //以读写方式打开文本文件
    myinput.txt
```

```
    {
        printf("cannot open file\n");
        exit(0);
    }
    fscanf(fp,"%c%c %d %f",&c1,&c2,&n,&f);          //读文件数据
    rewind(fp);
    n=100;
    fprintf(fp,"%c%c %d %f",c1,c2,n,f);
    fclose(fp);
    return 0;
}
```

实验 3　选择结构程序设计

实验 3.1　使用表达式与 if 语句

【实验目的】

- 练习使用表达式表示条件。
- 使用 if 语句进行编程。

【实验内容】

1. 从键盘输入一个字符。如果是大写字母，就转换成小写；如果是小写字母，就转换成大写；如果是其他字符，则保持原样并输出结果。

2. 从键盘输入一个数字，判断其是否为 5 的倍数而不是 7 的倍数。如果是，则输出 Yes；否则输出 No。

3. 从键盘输入一个 4 位正整数，求其逆序数，并输出。例如，若输入 7168，则输出应该是 8617。

实验 3.2　使用 if 语句与 switch 语句编程

【实验目的】

- 学会分支语句编程。
- 学会 switch 语句编程。

【实验内容】

1. 编写一个 C 程序，从键盘上输入一个字符：

若该字符是数字字符，则把它转换为对应的整数并输出；

若该字符是大写字母，则转换为小写并输出；

若该字符是小写字母，则转换为大写并输出；

若该字符是其他字符，则不进行任何操作。

2. 输入 3 个整数，按从大到小的顺序输出。

3. 给出一个百分制的成绩，要求输出成绩等级 A、B、C、D、E。90 分以上的为 A 级，80～89 分的为 B 级，70～79 分的为 C 级，60～69 分的为 D 级，60 分以下的为 E 级。

实验 3.3　使用 if 语句编程

【实验目的】

- 使用 if 语句进行编程。
- 求正整数各个数位上的数字。

【实验内容】

1. 从键盘输入一个字符。如果是字母，就输出其对应的 ASCII；如果是数字字符，就转换成对应整数并输出。

2. 从键盘输入一个数字，判断其是否能同时被 3 和 5 整除。如果是，输出 Yes；否则输出 No。

3. 从键盘输入一个 4 位正整数，求其各位数字之积，并输出。例如，若输入 2523，则输出应该是 60。

实验 3.4　使用表达式与 if 语句编程

【实验目的】

- 练习使用表达式表示条件。
- 使用 if 语句进行编程。

【实验内容】

1. 根据以下函数关系编写一个程序，对输入的每个 x 值，计算出 y 的值并输出。

$$y=\begin{cases}x-5 & x<-2\\ 2x-3 & -2\leqslant x\leqslant 5\\ 3x+6 & x>5\end{cases}$$

2. 从键盘输入 3 个数，求其中最小者并输出。

3. 从键盘输入一个 5 位整数，判断它是不是对称数，并输出判断结果。例如，43234 就是对称数。

实验4　循环结构程序设计

实验4.1　使用循环语句(1)

【实验目的】

- 熟练使用循环语句。
- 使用 break 语句。
- 使用循环的嵌套。

【实验内容】

1. 有如下公式：

$$1-\frac{1}{2\times 2}-\frac{1}{3\times 3}-\cdots-\frac{1}{m\times m}$$

m 的值从键盘输入，若输入 5，则应输出 0.536389。

2. 输出 100～999 间所有三位数字都相等的整数。

提示：对于 100～999 间的每一个整数，求出每位上的数字，然后判断它们是否相等。如果相等，就输出该整数。

输出的结果应该为 111、222、333、444、555、666、777、888、999。

3. 输出乘法口诀表。

1×1=1

1×2=2　2×2=4

1×3=3　2×3=6　3×3=9

1×4=4　2×4=8　3×4=12　4×4=16

⋮

1×9=9　2×9=18　3×9=27　4×9=36　…　8×9=72　9×9=81

实验4.2　使用循环语句(2)

【实验目的】

- 熟练使用循环语句。
- 掌握双重循环。

【实验内容】

1. 求出下列分数序列的前 20 项之和。

$$\frac{2}{1},\frac{3}{2},\frac{5}{3},\frac{8}{5},\cdots$$

2. 找出一个大于给定整数 m 且紧随 m 的质数。

提示：对 $m+1$ 及以后的每个整数，判断是否为质数，如果是就输出，并终止程序。

3. 编写一个程序，使其输出结果为：

```
1*1= 1  1*2= 2  1*3= 3  1*4= 4  1*5= 5  1*6= 6  1*7= 7  1*8= 8  1*9= 9
        2*2= 4  2*3= 6  2*4= 8  2*5= 10 2*6= 12 2*7= 14 2*8= 16 2*9= 18
                3*3= 9  3*4= 12 3*5= 15 3*6= 18 3*7= 21 3*8= 24 3*9= 27
                                                  ⋮
                                                        8*8= 64 8*9= 72
                                                                9*9= 81
```

实验 4.3　使用循环语句(3)

【实验目的】

- 熟练使用循环语句。
- 理解循环条件和循环体。

【实验内容】

1. 将大于整数 m 且紧随 m 的 k 个质数输出。例如，若 m 的值为 17，k 的值为 5，则应输出 19，23，29，31，37。m 和 k 的值从键盘输入。

2. 有一数列，第一项值为 3，后一项值都比前一项的值增 5。计算前 20 项中被 4 除后余 2 的所有项之和并输出。

3. 有 4 个数字 1、2、3、4，能组成多少个互不相同且无重复数字的三位数？分别是多少？

实验 4.4　使用循环语句(4)

【实验目的】

- 熟练使用循环语句。
- 理解循环条件和循环体。
- 使用 break 语句。

【实验内容】

1. 一个球从 100 米高度自由落下，每次落地后反跳回原高度的一半，再落下，设计程序，求它在第 10 次落地时，共经过多少米？第 10 次反弹多高？

2. 输出给定整数 n 的所有质数因子(不包括 1 与自身)。

3. 设计程序，使其根据下面公式计算 S 的值并输出。设 n 的值为 10。

$$S=1+\frac{1}{1+2}+\frac{1}{1+2+3}+\cdots+\frac{1}{1+2+3+\cdots+n}$$

实验 4.5　读写文件中字符

【实验目的】

- 掌握读文件字符函数 fgetc 和写文件字符函数 fputc。
- 与循环语句结合，向文件中写入或读出一串字符。

【实验内容】

1. 编写程序，利用 fputc 函数(不允许使用 fprintf 函数)，将键盘输入的以#结尾的一串字符存入文件 file.txt 中。

2. 查询实验内容 1 中文件 file.txt 的内容是否包含'a'字符，如果包含，在屏幕上输出"Found"，否则输出"Not Found"。

实验 5　数　　组

实验 5.1　数组输入输出

【实验目的】

- 掌握数组元素的输入输出方法。

【实验内容】

1. 定义一个有 12 个元素的一维整型数组 a，从键盘输入元素的值，然后以每行 3 个数据的形式输出 a 数组。

2. 输出一维数组(1，−9，7，2，−10，3)中最大元素的下标。

3. 利用单个字符输入输出函数从键盘输入任意长度字符串，并逐一输出该字符串。

实验 5.2　排序

【实验目的】

- 利用数组进行数据排序。

【实验内容】

1. 从键盘输入若干字符串，将它们由大到小排序并输出。

2. 将 3×4 矩阵的每一行按由大到小排序。

3. 任意输入一个自然数，输出由该自然数的各位数字组成的最大数。例如，输入 2583，则输出 8532。

实验 5.3　查找

【实验目的】

- 利用数组进行数据查找。

【实验内容】

1. 从键盘输入若干字符串，输出其中最长的一个字符串并输出它的长度。

2. 有一个 3×4 的矩阵，求出每行的最小值及每列的最小值。

3. 输入一个长度不超过 100 的字符串，删除该字符串中的重复字符。例如 abacaeedabcdcd，删除重复字符后的字符串为 abced。

实验 5.4　矩阵操作

【实验目的】

- 利用数组进行矩阵的输入输出。

【实验内容】

1. 计算两个矩阵相乘得到的第三个矩阵，并打印计算结果。

2. 求 4×4 矩阵的两条对角线元素之和。

3. 编写一个程序，求出 4×4 的二维数组周边元素之和。

实验 5.5　文件字符串读写

【实验目的】

- 掌握文件字符串读函数 fgets 和文件字符串写函数 fputs。

【实验内容】

1. 编写程序，从键盘输入任意长度不超过 100 的英文字符串并存储到文件 file.txt 中。

2. 将实验内容 1 file.txt 文件中的英文字符进行加密，追加到文件中。

加密方法：将字符'a'替代为字符'*'。

实验6　函　　数

【实验目的】

- 掌握函数的定义与调用方法。
- 掌握函数实参与形参的对应关系，以及值传递和地址传递方式。
- 掌握函数的嵌套调用与递归调用的方法。
- 掌握变量的作用域与生存期的概念，并能利用变量的作用域与生存期有效地利用内存。

【实验内容】

1. 编写一个函数fun，其功能是求出100～1000中三位数字相同的所有整数(如111、222、…、999)，把这些整数放在ss所指数组中，个数作为函数值返回。

运行结果：

```
The result:  111  222  333  444  555  666  777  888  999
```

2. 编写一个带有函数的程序，在主函数中读入一个字符串(长度<20)，调用函数将该字符串中的所有字符按ASCII升序排序，然后在主函数中将排序结果输出。例如，输入edcba，则输出abcde。

3. 编写一个函数fun，其功能是求出小于或等于n的所有质数，并将它们放在一个一维数组中，然后返回所求出的质数的个数。

输入：

```
10
```

运行结果：

```
2  3  5  7
```

4. 编写带有函数的程序，函数的功能是从1～100中选出能被3整除，且某一位上的数字为4的整数，并把这些整数放在b所指的数组中，整数的个数作为函数值返回。

运行结果：

```
42  45  48  54  84
```

5. 编写带有函数的程序(函数名为void fun(char b[]))，功能是将字符数组b中下标为奇数位置上的字母转换为小写字母(若该位置上不是字母，则不转换，注意下标是从0开始的)。

例如，输入aBbCC45GhNJ，则应输出abbcC45ghnJ。

6. 编写带有函数的程序(函数名为int fun(char b[],char c))，功能是求出数组b中指定字符的个数，并返回此值。

例如，输入 121412132，再输入字符 1 则输出 4。

7. 编写带有函数的程序（函数名为 int fun(int b[],int t)），功能是求出数组的最大元素在数组中的下标，并显示其数值。

例如，输入 566　243　665　398　543　335　567　876　666，则输出结果为 7,876。

8. 函数 fun 的功能是把数组 a 中的 n 个数的两倍与数组 b 中的逆序的 n 个数的三倍一一对应相加，并将结果存在数组 c 对应位置中。

例如：

数组 a 中的值是 2,3,4,5,1

数组 b 中的值是 1,2,3,5,8

调用该函数后，数组 c 存放的数据是 28,21,17,16,5

9. 编写一个函数，功能为分别统计字符串中大写字母和小写字母的个数。例如，输入 adwWDSaSeDDfgj，结果为 upper＝6，lower＝8。

10. 现需要计算班级 C 语言成绩及格率，在主函数中读入 10 个学生的 C 语言成绩，输入要存储的文件名，并调用子函数 compute。

要求编写子函数 compute，其功能是：计算 C 语言成绩及格率，并将及格成绩、不及格成绩及及格率存入文件中，要求在输出每一项前加上标注，及格率保留两位小数。

文件内容如下所示：

及格：97 66 97 89 87 77

不及格：54 34 55 44

及格率：60％

程序如下：

```
#include <stdio.h>
#include <stdlib.h>
void compute(int score[10],char * filename,int n)
{
    ⋮                        //填写此段程序
}
int main()
{
    int score[10];
    int i=0;
    char name[20];
    printf("请输入文件名\n");
    gets(name);
    printf("请输入 10 个成绩\n");
    for(i=0;i<10;i++)
        scanf("%d",&score[i]);
    compute(score,name,10);
    system("pause");
    return 0;
}
```

实验7 指　　针

实验7.1 用指针变量引用数组

【实验目的】

- 练习使用指针变量进行编程。
- 练习使用指针运算符。

【实验内容】

1. 利用指针变量访问目标变量,使两个数据实现降序排列输出。

程序如下:

```
#include <stdio.h>
int main()
{
    int x=10,y=100;
    ⋮                                //填写此段程序
    printf("max=%d, min=%d\n", * p1, * p2);
    return 0;
}
```

说明:程序中指针变量p1、p2的值可以改变,即改变其所指向的目标变量;而被指向的目标变量的值不应改变。

(1) 若将程序中的"printf("max=%d, min=%d\n",*p1,*p2);"改为"printf("max=%d, min=%d\n",p1,p2);",结果会是什么?

(2) 若想利用指针变量改变所指的目标变量x和y的值,应如何修改程序?

2. 利用指针变量访问数组。

程序如下:

```
#include <stdio.h>
int main()
{
    int arr[4],i;
    int * p=arr;                     //定义p为指针变量并指向数组首地址
                                     //通过指针移动为元素赋值
    ⋮                                //填写此段程序
                                     //使p重新指向数组首地址
                                     //移动指针
```

```
                                      //利用指针变量访问元素
    printf("\n");
    return 0;
}
```

对程序做如下几种修改,并观察运行结果。

(1) 可以利用指针的下标 p[i]访问元素的形式。

(2) 可利用另一种指针变量访问元素的形式,如*(p+i)。

(3) 可利用*p 的形式。但要注意数组名是地址常量,不能自加。

(4) 可利用*p++的形式。注意表达式*p++中有两个运算符,自加运算符++和存取内容运算符 * 的优先级是相同的,并且结合方向都是自右向左的,因此,按 C 语言规定,*p++等价于 * (p++),也就是先得到 p 所指向的变量的值(*p),然后再使 p 自加 1(先用后加)。同理,*(++p)则是先使 p 自加 1,然后再做 * 运算。

实验 7.2　指针作函数参数

【实验目的】

- 练习使用指针作函数参数和对数组进行操作。

【实验内容】

1. 编写带有函数的程序,函数 void fun(int * s,int * k)的功能是求出数组最大元素的下标,并存放在 k 所指的存储单元中。例如,输入整数 876、675、896、101、301、401、980、431、451、777,则输出结果为 6、980。

程序如下:

```
#include <stdio.h>
void fun(int * s, int * k)
{
    ⋮                                        //填写此段程序
}
int main()
{
    int a[10]={876,675,896,101,301,401,980,431,451,777};
    int k;
    fun(a,&k);
    printf("%d,%d\n",k,a[k]);
    return 0;
}
```

2. 编写带有函数的程序,函数 fun 的功能是求出能整除 x 且不是偶数的各个整数,顺序存放在数组 pp 中,这些除数的个数通过形参返回。例如,若 x 值为 30,则有 4 个数符合要求，是1、3、5、15。

程序如下：

```
#include <stdio.h>
void fun(int x,int pp[],int * n)
{
    ⋮                                   //填写此段程序
}
int main()
{   int x,aa[100],n,i;
    printf("输入 x 的值:\n");
    scanf("%d",&x);
    ⋮                                   //填写此段程序
    for(i=0;i<n;i++)
        printf("%3d",aa[i]);
    printf("\n");
    return 0;
}
```

3. 补充以下带有函数的程序，函数 void sort(int * s, char * filename,int n)的功能是将数组 s 中的数据(不超过 10 个)存入文件 sortdata.dat，然后将数组元素降序排序后也存入文件，要求分行存储。

例如，输入如下整数 876 675 896 101 301 401 980 431 451 777，则文件中的内容为：

876 675 896 101 301 401 980 431 451 777

程序如下：

```
#include <stdio.h>
#include <stdlib.h>
void sort(int * s, char * filename, int n)
{
    ⋮                                   //填写此段程序
}

int main()
{
    int a[10]={876,675,896,101,301,401,980,431,451,777};
    sort(a,"sortdata.dat",10);
    system("pause");
    return 0;
}
```

4. 以上实验 3 的文件 sortdata.dat 是二进制文件，已存在于当前文件夹，请补充 myread 函数与 mywrite 函数，以将 sortdata.dat 另存到 sortdata.txt 文本文件中。其中

myread 函数的功能是将文件 sortdata.dat 中的内容读出，mywrite 函数的功能是将读出的数据另存到 sortdata.txt 文本文件中。

```
#include <stdio.h>
#include <stdlib.h>
void myread(int * num, char * filename, int n)
{
    ⋮                                   //填写此段程序
}
void mywrite(int * num, char * filename, int n)
{
    ⋮                                   //填写此段程序
}
int main()
{
    int a[20];
    myread(a,"sortdata.dat",20);
    mywrite(a,"sortdata.txt",20);
    system("pause");
    return 0;
}
```

实验 7.3　用指针处理字符串

【实验目的】

• 练习和掌握利用指针处理字符串的方法。

【实验内容】

1. 在函数 fun 中依次取出字符串中所有的数字字符，形成新的字符串，并取代原字符串。例如，abcd123efg456 变为 123456。

程序如下：

```
#include <stdio.h>
int main()
{
    ⋮                                   //填写此段程序
    printf("输入一个字符串：\n");
    ⋮                                   //填写此段程序
    return 0;
}
void fun(char s[])
```

```
{
    ⋮                                   //填写此段程序
}
```

2. 函数 fun 的功能是将 ss 所指字符串中下标为奇数位置上的字母转换为大写字母，若该位置上不是字母，则不转换，注意下标是从 0 开始的。例如，输入 abbcc45ghNj，则应输出 aBbCc45GhNj。

程序如下：

```
#include <stdio.h>
#include <string.h>
void fun(char ss[])
{
    ⋮                                   //填写此段程序
}
int main()
{
    ⋮                                   //填写此段程序
    printf("\n 输出为:%s\n",tt);
    return 0;
}
```

实验 8　结构体与共用体

实验 8.1　结构体变量、结构体数组、结构体指针及链表

【实验目的】

- 掌握结构体变量的定义和使用。
- 掌握结构体数组的定义和使用。
- 掌握结构体指针的定义和使用。
- 掌握链表的定义及链表的基本操作。

【实验内容】

1. 利用结构体变量编写程序，实现输入 1 名学生的学号、姓名、性别和年龄信息，输出该学生信息。

2. 利用结构体指针编写程序，实现输入 1 名学生的学号、姓名、性别和年龄信息，输出该学生信息。

3. 利用结构体数组编写程序，实现输入 5 名学生的学号、姓名、性别和数学成绩，求出数学最高分，输出该学生信息。

4. 利用结构体指针编写程序，实现输入 5 名学生的学号、姓名、性别和数学成绩，求出数学最高分，输出该学生信息。

5. 利用指向结构体的指针编写程序，实现输入 5 名学生的学号、姓名、总分，按总分降序输出 3 名学生信息。

6. 编写带有函数的程序。在主函数中输入一名学生的学号、姓名、性别和年龄信息；调用函数，更改学生信息的值，结构体变量作为函数参数；在主函数中输出学生信息。

7. 编写带有函数的程序。在主函数中输入一名学生的学号、姓名、性别和年龄信息；调用函数，更改学生信息的值，结构体指针作为函数参数；在主函数中输出学生信息。

8. 编程建立一个带有头结点的单向链表，链表结点中的数据通过键盘输入，当输入数据为－1 时，表示输入结束(链表头结点的 data 域不放数据)。

9. 已知 head 指向一个带头结点的单向链表，链表中每个结点包含字符型数据域(data)和指针域(next)。编写程序实现在值为 a 的结点前插入值为 key 的结点，若没有值为 a 的结点，则插在链表最后。

10. 建立一个同学录文件，先输入一名同学的姓名、微信号、手机号，存入文件 infor.txt 中，然后关闭该文件。再输入一名同学信息，插入文件中第 1 名同学之前。编写程序，完成第 2 名同学信息的插入功能。

程序如下：

```
#include <stdio.h>
#include <stdlib.h>
struct st
{
    char name[20];
    char chat[20];
    char tel[12];
};
void myinsert(struct st * num, char * filename, int n)
{
    ⋮               //填写此段程序
}
int main()
{
    struct st stinfor[2];
    FILE * fp;
    printf("No.1\n");
    gets(stinfor[0].name);
    gets(stinfor[0].chat);
    gets(stinfor[0].tel);
```

```
    if((fp=fopen("infor.dat","w"))==NULL)
    {
        printf("cannot open file\n");
        exit(0);
    }
    fwrite(&stinfor[0],sizeof(struct st),1,fp);
    fclose(fp);
    myinsert(stinfor,"infor.dat",2);
    system("pause");
    return 0;
}
```

实验 8.2　共用体

【实验目的】

- 掌握共用体变量的定义与使用。

【实验内容】

输入和运行以下程序：

```
#include <stdio.h>
union data
{
    short int i[2];
    float a;
    int b;
    char c[4];
}u;
int main()
{
    scanf("%hd,%hd",&u.i[0],&u.i[1]);
    printf("i[0]=%x,i[1]=%x\n",u.i[0],u.i[1]);
    printf("a=%f,b=%x\n",u.a,u.b);
    printf("c[0]=%c,c[1]=%c,c[2]=%c,c[3]=%c\n",u.c[0],u.c[1],u.c[2],u.c[3]);
    return 0;
}
```

输入 16961、17475 赋给 u.i[0]和 u.i[1]，分析程序的运行结果。

实验 9　位　运　算

【实验目的】

- 掌握按位运算的概念和方法，练习使用位运算。

- 练习使用位运算实现对某些位的操作。

【实验内容】

1. 编写一个程序，判断一个整数的第 6 位上的数字（最低位从 0 开始）是 0 还是 1。如果此位为 0，则返回整数 0，否则返回整数 1。

提示：利用位运算中按位与运算的特点（即取某数中的特定位），找出一个合适的屏蔽字。

程序代码如下：

```
#include "stdio.h"
int fun(int b)
{
    int x,y;
    x=b&(0x0040);          //用屏蔽字 0x0040(十六进制)取数 b 的第 6 位
    y=x>>6;                //数 x 右移 6 位,把数 b 的第 6 位移至第 0 位(最低位)
    if (y!=0)
        return 1;
    else
        return 0;
}
int main()
{
    int a,s;
    printf("请输入数 a=");
    scanf("%o",&a);        //以八进制的格式输入
    s=fun(a);
    if (s==1)
        printf("数%o 的第 6 位是 1\n",a);
    else
        printf("数%o 的第 6 位是 0\n",a);
    return 0;
}
```

输入：

```
136
```

运行结果：

```
数 136 的第 6 位是 1
```

注意：在输入时，输入格式为“%o”，即输入的数是以八进制的形式输入的。

思考：

（1）如果要判断一个整数第 11 位（最低位为 0）是 0 还是 1，应该如何修改 fun()函数和 main()函数？

(2) 如果要判断一个整数若干位分别是 0 还是 1,应如何寻找合适的屏蔽字?

2. 编写一个程序,完成输入一个整数 b,取出该数从右端起的 4～6 位(最低位从 0 开始),并输出。

要求:

(1) 使用位运算实现,分别求出第 4、5、6 位上的数字;

(2) 输入事先已编写好的程序,并运行该程序,分析运行结果是否正确。

程序代码如下:

```
#include <stdio.h>
int main()
{
    unsigned int b,c;
    unsigned int c4,c5,c6;
    printf("Please input  b=");
    scanf("%d",&b);
    c=b&0x0070;          //屏蔽字 0000000001110000(二进制),即 0x0070(十六进制)
    c=c>>4;              //右移 4 位,转换原第 4~6 位为新数的第 0~3 位
    c4=c%2;              //求出数 b 的第 4 位
    c5=c/2%2;            //求出数 b 的第 5 位
    c6=c/2/2;            //求出数 b 的第 6 位,或用 c6=(c-c4-c5*2)/4;
    printf("%o,%o,%o\n ",c4,c5,c6);      //输出第 4~6 位的每一位数字
    return 0;
}
```

输入:

```
40
```

运行结果:

```
0,1,0
```

注意:在输出每位数字时要以八进制或十六进制的形式输出(%o 或%0x 格式)。

3. 编写一个程序,检查自己所用的计算机系统的 C(或 VC++)编译在执行右移时是按照逻辑右移的原则,还是按照算术右移的原则进行操作。编写程序,实现此逻辑(算术)右移。

提示:这里可以只考虑有符号数中的负数,即最高位(符号位)为 1 的情况。如果右移后最高位为 0,则称为"逻辑右移";如果最高位为 1,则称为"算术右移"。

程序代码如下:

```
#include "stdio.h"
short ljyy(short x)                    //逻辑右移函数
{
    short y;
    y=x>>1;                            //右移一位
```

```
    y=y&(0x7fff);                    //最高位补 0,其余不变
    return y;
}
int main()
{
    short x,y;
    printf("please input x=");
    scanf("%d",&x);
    y=x;
    x=x>>1;                          //右移一位
    if (x<0)                         //右移一位后,最高位为 1
    {
        printf("x=%d\n",x);
        printf("该编译系统为算术右移!\n");
    }
    else                             //右移一位后,最高位为 0
    {
        printf("x=%d\n",x);
        printf("该编译系统为逻辑右移!\n");
    }
    printf("逻辑右移的结果为: \n");
    y=ljyy(y);
    printf("y=%d\n",y);
    return 0;
}
```

输入：

```
-20
```

运行结果：

```
x=-10
该编译系统为算术右移!
逻辑右移的结果为:
y=32758
```

思考题

编写程序实现：对于一个正整数，将该正整数按二进制输出。

程序代码如下：

```
#include <stdio.h>
int main()
{
    int a,b,i;
    printf("请输入一个整型数 a=: ");
```

```
    scanf("%o",&a);
    b=1<<15;                          //构造一个最高位为 1、其余各位为 0 的整数
    printf("%d=",a);
    for(i=1;i<=16;i++)
    {
        putchar(a&b?'1':'0');         //输出最高位的值(1/0)
        a<<=1;                        //将次高位移到最高位上
        if(i%4==0) putchar(',');      //四位一组用逗号分开
    }
    printf("\bB\n");                  //最后加上二进制标识符 B
    return 0;
}
```

实验 10　C++ 实验

实验 10.1　构造函数和析构函数

【实验目的】

- 理解构造函数和析构函数的作用。
- 掌握各种类型的构造函数和析构函数的使用。
- 掌握构造函数和析构函数的调用顺序。

【实验内容】

阅读下面程序，写出运行结果，然后上机运行，将机器运行结果与人工运行的结果进行比较，并对每一行输出做出分析。

程序如下：

```
#include <iostream>
using namespace std;
class MyClass
{
public:
    MyClass();
    MyClass(int xx);
    MyClass(int xx,int yy);
    void Display();
    void Set(int, int);
    ~MyClass();
private:
    int x,y;
```

```
};
MyClass:: MyClass()
{
cout<<"执行无参构造函数: ";
    x=0;y=0;
    cout<<"x="<<x<<",y="<<y<<endl;
}
MyClass:: MyClass(int xx)
{
cout<<"执行一个参数构造函数: ";
    x=xx;y=0;
    cout<<"x="<<x<<",y="<<y<<endl;
}
MyClass:: MyClass(int xx,int yy)
{
cout<<"执行两个参数构造函数: ";
    x=xx;y=yy;
    cout<<"x="<<x<<",y="<<y<<endl;
}
void MyClass:: Display()
{
cout<<"执行显示函数: ";
    cout<<"x="<<x<<",y="<<y<<endl;
}
void MyClass:: Set(int xx,int yy)
{
cout<<"执行设置函数: ";
    x=xx;y=yy;
    cout<<"x="<<x<<",y="<<y<<endl;
}
MyClass:: ~MyClass ()
{
    cout<<"执行析构函数: ";
    cout<<"x="<<x<<",y="<<y<<endl;
}
int main()
{
    MyClass a(12,34),b(40),c;
    a.Display();
    b.Display();
    c.Display();
    c.Set(20,30);
    c.Display();
    system("pause");
}
```

实验 10.2 继承与派生

【实验目的】

- 理解继承与派生的关系。
- 理解各种继承方式。

【实验内容】

编写一个程序计算出圆的面积,以及圆柱体的表面积和体积。要求如下。

(1) 定义一个 point 类(点类),包含数据成员 x,y(坐标点)。以它为基类,派生出一个 circle 类(圆类),增加数据成员 r(半径)。再以 circle 作为直接基类,派生出一个 cylinder 类(圆柱体类),再增加数据成员 h(高)。

(2) 定义基类的派生类 circle、cylinder 含有求面积和体积的成员函数和输出函数。

(3) 定义主函数,求圆的面积、圆柱的表面积和体积。

程序如下:

```
#include <iostream>
using namespace std;
const double PI=3.141592653;
class point
{
    protected:
        double X,Y;
    public:
        void setXY()
        {
            cout<<"请输入圆心的 X 坐标:";
            cin>>X;
            cout<<"请输入圆心的 Y 坐标:";
            cin>>Y;
        }
        void show()
        {
            cout<<"圆心坐标:("<<X<<','<<Y<<")"<<endl;
        }
};
class circle:public point
{
  protected:
     double radius;
```

```
 public:
    void setXYradius()
    {
        setXY();
        cout<<"请输入半径:";
        cin>>radius;
    }
    double area()
    { return PI * radius * radius; }
};
class cylinder:public circle
{
    protected:
        double height;
    public:
        void setdata()
        {
            setXYradius();
            cout<<"请输入圆柱体的高:";
            cin>>height;
        }
        double varea()
        {
            return area() * 2+ 2 * PI * radius * height;
        }
        double V()
        {
            return area() * height;
        }
};
int main()
{
    circle ci;
    cylinder cy;
    ci.setXYradius();
    cy.setdata();
    cout<<"圆面积为:"<<ci.area()<<endl;
    cout<<"圆柱体表面积为:"<<cy.area()<<endl;
    cout<<"圆柱体的体积为:"<<cy.V()<<endl;
    system("pause");
}
```

实验 11 MFC 实验

实验 11.1 编写基于 API 的 Windows 应用程序

【实验目的】

- 理解基于 API 的 Windows 编程原理。

【实验内容】

(1) 启动 VS 2010。

(2) 选择“文件”→“新建”→“项目”菜单命令,弹出“新建项目”对话框,在对话框中,选择 Visual C++ →Win32→“Win32 项目”。

(3) 在“名称”框中输入项目名称 SY11_1,在“位置”框中输入解决方案路径“D:\”。

(4) 单击“确定”按钮,弹出“Win32 应用程序向导”对话框,单击“下一步”按钮,显示“应用程序设置”界面,选中“空项目”,单击“完成”按钮,项目创建完成。

(5) 选择“视图”→“解决方案资源管理器”菜单命令,显示“解决方案资源管理器”视图。右击“源文件”按钮,弹出快捷菜单,选择“添加”→“新建项”菜单命令,弹出“添加新项”对话框,单击“C++ 文件”按钮,在下面的“名称”框中输入 WIN,单击“添加”按钮。

(6) 在代码编辑窗口中输入如下代码:

```
#include <windows.h>
LRESULT CALLBACK WndProc (HWND hwnd, UINT message, WPARAM wParam, LPARAM
lParam);
int WINAPI WinMain (HINSTANCE hInstance, HINSTANCE hPrevInstance,
                    LPSTR lpCmdLine, int nCmdShow)
{    HWND  hwnd;
     MSG   msg;
     WNDCLASS wndclass;
     wndclass.style              =CS_HREDRAW | CS_VREDRAW;
     wndclass.lpfnWndProc        =WndProc;
     wndclass.cbClsExtra         =0;
     wndclass.cbWndExtra         =0;
     wndclass.hInstance          =hInstance;
     wndclass.hIcon              =LoadIcon (NULL, IDI_APPLICATION);
     wndclass.hCursor            =LoadCursor (NULL, IDC_ARROW);
     wndclass.hbrBackground      =(HBRUSH) GetStockObject (WHITE_BRUSH);
     wndclass.lpszMenuName       =NULL;
     wndclass.lpszClassName      ="HelloWin";
     if (!RegisterClass (&wndclass))
```

```
    {
        MessageBox (NULL, "窗口注册失败!", "HelloWin", 0);
        return 0;
    }
    hwnd =CreateWindow ("HelloWin",
                        "窗口",
                        WS_OVERLAPPEDWINDOW,
                        CW_USEDEFAULT,
                        CW_USEDEFAULT,
                        CW_USEDEFAULT,
                        CW_USEDEFAULT,
                        NULL,
                        NULL,
                        hInstance,
                        NULL);

    ShowWindow (hwnd, nCmdShow);
    UpdateWindow (hwnd);
    while (GetMessage (&msg, NULL, 0, 0))
    {
        TranslateMessage (&msg);
        DispatchMessage (&msg);
    }
    return msg.wParam;
}

LRESULT CALLBACK WndProc (HWND hwnd, UINT message, WPARAM wParam, LPARAM
lParam)
{
    switch (message)
    {
        case WM_CREATE:
            return 0;
        case WM_LBUTTONDOWN:
            MessageBox (NULL, "鼠标左键单击!", "你好", 0);
            return 0;
        case WM_RBUTTONDOWN:
            MessageBox (NULL, "鼠标右键单击!", "你好", 0);
            return 0;
        case WM_KEYDOWN:
            MessageBox (NULL, "按下任意键!", "你好", 0);
            return 0;
        case WM_DESTROY:
            PostQuitMessage (0);
```

```
            return 0;
        }
        return DefWindowProc (hwnd, message, wParam, lParam);
}
```

（7）按 F5 键运行程序，显示一个窗口。在窗口工作区分别单击鼠标左键(通常称为“单击”)、单击鼠标右键(通常称为“右击”)、在键盘上按下任意键，会弹出相应的信息对话框。

实验 11.2 编写基于对话框的应用程序

【实验目的】

- 理解和掌握编写基于对话框应用程序的原理和方法。
- 理解 MFC 编程架构。

【实验内容】

（1）选择“文件”→“新建”→“项目”菜单命令，弹出“新建项目”对话框。在对话框中，选择 Visual C++→MFC→“MFC 应用程序”。

（2）在“名称”框中输入项目名称 DLG，在“位置”框中输入“D:\”，在“解决方案名称”框输入 SY11_2。

（3）单击“确定”按钮，弹出“MFC 应用程序向导”对话框，单击“下一步”按钮，显示“应用程序类型”界面，选择“基于对话框”选项，其他使用默认设置，单击“完成”按钮。

（4）在对话框模板的空白处右击，在弹出的快捷菜单中选择“属性”菜单项，在对话框属性窗口中将 Caption 值修改为“计算”。

（5）在对话框模板上添加 2 个静态文本框、2 个编辑框和 2 个按钮，如图 11-1 所示。

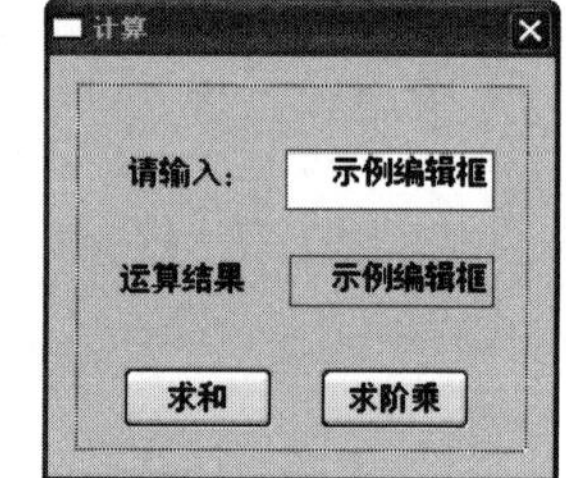

图 11-1 对话框中的控件

（6）控件属性如表 11-1 所示。

表 11-1 控件及控件属性

控件类型	ID	Caption	其他属性设置
静态文本框		请输入：	
静态文本框		运算结果	
编辑框	IDC_EDIT1		Number 值为 True，Align Text 值为 Right
编辑框	IDC_EDIT2		Number 值为 True，Align Text 值为 Right，Read Only 值为 True
按钮	IDC_SUM	求和	
按钮	IDC_JC	求阶乘	

(7) 添加控件变量，其方法为：选择“项目”→“类向导”菜单命令，弹出“MFC 类向导”对话框。选择“成员变量”选项卡，单击“控件 ID”列下的 IDC_EDIT1，再单击右侧的“添加变量”按钮，弹出“添加成员变量”对话框，在“成员变量名称”框中输入 m_num，类别选择 Value，变量类型选择 int，最小值为 0，最大值为 1000，单击“确定”按钮。用同样的方法，为 ID 为 IDC_EDIT2 的编辑框添加控件变量 m_rus，变量类型选择 double。

(8) 添加对话框代码，步骤为：选择“项目”→“类向导”菜单命令，弹出“MFC 类向导”对话框。选择“命令”选项卡，单击“对象 ID”列下的 IDC_SUM，然后单击“消息”列下的 BN_CLICKED，再单击“添加处理程序”按钮，弹出“添加成员函数”对话框，默认的消息处理函数名为 OnClickedAdd，单击“确定”按钮。在“MFC 类向导”对话框中单击右侧的“编辑代码”按钮，关闭该对话框并显示代码编辑窗口，光标停留在消息处理函数 OnClickedAdd 中，添加如下代码：

```
UpdateData(TRUE);
int i;
m_rus=0;
for(i=1;i<=m_num;i++)
    m_rus=m_rus+ i;
UpdateData(FALSE);
```

用同样的方法，编写 IDC_JC 按钮的鼠标左键单击消息处理函数，添加如下代码：

```
UpdateData(TRUE);
int i;
m_rus=1;
for(i=1;i<=m_num;i++)
    m_rus=m_rus * i;
UpdateData(FALSE);
```

(9) 按 F5 键编译并运行程序，显示一个对话框，可以进行求和和求阶乘运算。

实验 11.3　编写基于单文档的应用程序

【实验目的】

- 理解和掌握编写基于单文档应用程序的原理和方法。
- 理解 MFC 编程架构。
- 掌握菜单、工具栏的设计和调用。

【实验内容】

1. 创建单文档应用程序

(1) 选择“文件”→“新建”→“项目”菜单命令，弹出对话框。在对话框中，选择 Visual

C++→MFC→“MFC 应用程序”。

(2) 项目名称为 SIG,路径为“D:\”,解决方案名称为 SY11_3。

(3) 单击“确定”按钮,弹出对话框,再单击“下一步”按钮,显示“应用程序类型”界面。选择“单个文档”类型,单击“完成”按钮。

2. 添加对话框

在“资源视图”中,单击加号“+”展开资源树。右击 Dialog 结点,在快捷菜单中选择“插入 Dialog”,ID 改为 IDD_DLG,Caption 属性改为“对话框”。双击 IDD_CAL,中间区域显示对话框模板。

3. 创建对话框类

(1) 在对话框模板的空白区域内任意位置右击,在弹出的快捷菜单中选择“添加类”命令,弹出“MFC 添加类向导”对话框。

(2) 在类名文本框中输入 CDlg,单击“完成”按钮,一个基于该对话框模板的对话框类 CDlg 就创建好了。在解决方案资源管理器中有相应的 Dlg.h 头文件和 Dlg.cpp 源文件生成。

4. 添加菜单项

(1) 在资源视图中,双击 Menu 结点下的 IDR_MAINFRAME 菜单,显示菜单编辑器,在“帮助”菜单项的左侧插入一个新菜单项,菜单项名称为“操作(&C)”。

(2) 单击“操作”菜单项的下拉菜单的第一个菜单项,输入“对话框(&D)”,ID 改为 ID_DLG。

(3) 右击“对话框”菜单项,在弹出的快捷菜单中选择“添加事件处理程序”,弹出“事件处理程序向导”对话框,消息类型选择 COMMAND 从“类列表”列中选择 CMainFrame,默认消息处理函数名为 OnDLG。

(4) 在 OnDLG 函数体中添加如下代码:

```
CDlg dlg;
dlg.DoModal();
```

(5) 在 MainFrm.cpp 文件的前面添加 CDlg 类的头文件,包含:

```
#include " Dlg.h"
```

5. 添加工具按钮

(1) 在资源视图中,展开资源树,双击 Toolbar 结点下的 IDR_MAINFRAME_256 工具栏,显示工具栏编辑器。

(2) 在工具栏最右边待编辑按钮上画一个图案。

(3) 在其“属性”窗口中选择 ID 值为 ID_DLG。

6. 编译运行并测试

按 F5 键编译并运行程序,显示单文档应用程序窗口,单击“操作”→“对话框”菜单命令或单击工具栏上相应按钮,弹出对话框。

实验12　C语言应用

实验12.1　C语言标准库函数应用

【实验目的】

- 了解并熟悉C语言标准库函数。
- 练习利用C语言标准库函数进行编程。

【实验内容】

1. 在屏幕上显示当前计算机系统的时间。

头文件time.h中声明了一些处理日期和时间的类型与函数。clock_t和time_t是两个表示时间值的算术类型。结构tm存储了一个日历时间的各个成分。结构tm的成员的意义及其正常的取值范围如下：

```
struct    tm    {
    int    tm_sec;            //从当前分钟开始经过的秒数(0,60)
    int    tm_min;            //从当前小时开始经过的分钟数(0,59)
    int    tm_hour;           //从午夜开始经过的小时数(0,23)
    int    tm_mday;           //当月的天数(1,31)
    int    tm_mon;            //从1月起经过的月数(0,11)
    int    tm_year;           //从1900年起经过的年数
    int    tm_wday;           //从本周星期日开始经过的天数(0,6)
    int    tm_yday;           //从今年1月1日起经过的天数(0,356)
    int    tm_isdst;          //夏令时标记
};
```

如果夏令时有效,夏令时标记tm_isdst值为正;如果夏令时无效,tm_isdst值为0;如果得不到夏令时信息,tm_isdst值为负。

表12-1给出头文件time.h中声明的时间函数。

表12-1　time.h文件中声明的时间函数

函数定义	函数功能简介
clock_t clock(void)	确定处理器时间函数
time_t time(time_t * tp)	返回当前日历时间
double difftime(time_t time2, time_t time1)	计算两个时刻之间的时间差
time_t mktime(struct tm * tp)	将分段时间值转换为日历时间值

续表

函 数 定 义	函数功能简介
char * asctime(const struct tm * tblock)	将日期和时间转换为 ASCII
char * ctime(const time_t * time)	将日期和时间转换为字符串
struct tm * gmtime(const time_t * timer)	将日期和时间转换为格林尼治标准时间(GMT)
struct tm * localtime(const time_t * timer)	将日期和时间转换为结构
size_t strftime(char * s, size_t smax, const char * fmt, const struct tm * tp)	根据 fmt 的格式要求将 * tp 中的日期与时间转换为指定格式

ctime：时间转换函数。

函数原型：char * ctime(const time_t * time)。

函数功能：将 time 所指向的日历时间转换为字符串形式的本地时间。它等价于函数调用 asctime(localtime(timer))。字符串的格式为

```
DDD MMM dd hh:mm:ss YYYY
```

返回值：转换后的字符串指针。

使用例程如下：用 ctime 函数转换时间格式。

```
#include <stdio.h>
#include <time.h>
int main(void)
{
    time_t t;
    time(&t);
    printf("Today's date and time: %s\n", ctime(&t));
    return 0;
}
```

说明：

(1) 首先定义 time_t 类型的变量 t。

(2) 应用函数 time 获取系统时间。

(3) 通过函数 ctime 将获取的日历时间 time_t 转换为规定格式的字符串表示。

运行结果：

```
Today's date and time: Sat Nov 10 00:57:14 2012
```

注意：函数 ctime 是将日历时间直接转换为规定格式的字符串表示：

```
DDD MMM dd hh:mm:ss YYYY
```

其中，DDD 表示一星期中的某一天，例如，Sat 表示星期六；MMM 表示月份，例如，Nov 表示 11 月；dd hh:mm:ss 为时钟显示；YYYY 为年份。

参考程序：

```
#include <stdio.h>
#include <time.h>
#include <stdlib.h>
int main()
{
    time_t now;
    while(!kbhit())
    {
        time(&now);
        printf("%s", ctime(&now));
        system("cls");
    }
    return 0;
}
```

注意：函数 kbhit 的功能是检查当前是否有键盘输入，若有则返回一个非 0 值，否则返回 0。

2. 利用函数 rand 产生 0～99 中的 5 个随机整数。

rand：产生随机整数函数。

函数原型：int rand(void)；。

头文件：＃include <math.h>。

函数功能：产生 0～32 767 中的随机整数。

返回值：产生的随机整数。

使用例程如下：利用函数 rand 产生 0～99 中的 5 个随机整数。

```
#include <stdlib.h>
#include <stdio.h>
int main(void)
{
    int i;
    printf("Random numbers from 0 to 99\n");
    for(i=0; i<5; i++)
        printf("%d ", rand() %100);
    return 0;
}
```

说明：循环地应用函数 rand 产生随机整数，并利用 rand() %100 将范围控制为 0～99。共产生 5 个 0～99 中的随机整数。

运行结果：

```
Random numbers from 0 to 99
```

```
46 30 82 90 56
```

注意：rand 需要 srand 函数提供随机数种子，否则产生的随机数无法变化。一般选用系统时间作为随机数种子。

参考程序：

```
#include <stdlib.h>
#include <stdio.h>
#include <time.h>
int main()
{     int i,rand100;
      int RANGE_MIN=0;
      int RANGE_MAX=100;
      srand((unsigned)time(NULL ) );
      for (i=0; i<10; i++)
      {rand100=(int)(((double) rand()/(double) RAND_MAX) * RANGE_MAX+RANGE_MIN);
      printf("  %6d\n", rand100);}
}
```

实验 12.2　非标准的 C 语言库函数应用

【实验目的】

- 利用非标准的 C 语言库函数进行程序设计。

【实验内容】

1. 应用 windows.h 头文件中的 Sleep 函数控制时间的刷新速度。

Sleep 函数的一般形式：

```
Sleep(unsigned long);
```

其中，参数 long 的单位为毫秒，所以如果想让函数滞留 1 秒，应该是“Sleep(1000);”。

Sleep 函数使用例程如下：

```
#include <windows.h>
#include <stdio.h>
int main()
{
    int a;
    a=1000;
    printf("你");
    Sleep(a);
    printf("好");
```

```
    return 0;
}
```

参考程序：

```
#include <stdio.h>
#include <time.h>
#include <windows.h>
#include <stdlib.h>
int main()
{
    time_t now;
    while(!kbhit())
    {
        time(&now);
        printf("%s", ctime(&now));
        Sleep(1000);
        system("cls");
    }
    return 0;
}
```

2. 画进度条。

参考程序：

```
#include <stdio.h>
#include <stdlib.h>
#include <windows.h>
#define LEN 25                                  //进度条长度
int drawBar(int len);                           //函数声明
int main(void)
{
    int len;
    for(len=0; len<=LEN; len++)
    {
        system("cls");                          //清屏
        drawBar(len);                           //画进度条
        printf("\n已完成%d%%", 4 * len);        //打印完成率
        Sleep(100);                             //延时
    }
    printf("\r下载完成\n");                     //打印下载完成
    return 0;
}
//画进度条
int drawBar(int len)
{
```

```
    int i;
    printf("╔══════════════════════════════════════════╗\n");
    printf("║");
    for(i=0; i<len; i++)
    {
        printf("█");
    }
    for(i=0; i<LEN-len; i++)
    {
        printf("  ");
    }
        printf("║");
    printf("\n╚══════════════════════════════════════════╝");
    return;
}
```

实验 12.3　线性回归方程的 C 语言实现

【实验目的】

- 利用 C 语言解决线性代数问题。

【实验内容】

求线性回归方程 $y=a+bx$。用 dada[rows * 2]数组表示 x 和 y，rows 表示数据行数，用 a 和 b 表示返回的回归系数。用 SquarePoor[4]返回方差分析指标：回归平方和、剩余平方和、回归平方差、剩余平方差。返回值为 0 表示求解成功，返回值为 −1 表示求解错误。

程序如下：

```
#include "stdio.h"
#include "math.h"
#include<stdlib.h>
int LinearRegression(double *data, int rows, double *a, double *b, double *
SquarePoor)
{
    int m;
    double *p, Lxx=0.0, Lxy=0.0, xa=0.0, ya=0.0;
    if (data==0 || a==0 || b==0 || rows<1)
        return -1;
    for (p=data, m=0; m<rows; m ++)
    {
        xa += *p ++;
        ya += *p ++;
    }
```

```
    xa /=rows;                                          // x平均值
    ya /=rows;                                          // y平均值
    for (p=data, m=0; m<rows; m ++, p +=2)
    {
        Lxx +=((*p -xa) * (*p -xa));                    // Lxx=Sum((x -xa)平方)
        Lxy +=((*p -xa) * (*(p +1) -ya));               // Lxy=Sum((x -xa)(y -ya))
    }
    *b=Lxy / Lxx;                                       // b=Lxy / Lxx
    *a=ya - *b * xa;                                    // a=ya -b*xa
    if (SquarePoor==0)
        return 0;
    //方差分析
    SquarePoor[0]=SquarePoor[1]=0.0;
    for (p=data, m=0; m<rows; m ++, p ++)
    {
        Lxy= *a + *b * *p ++;
        SquarePoor[0] +=((Lxy -ya) * (Lxy -ya));           //U(回归平方和)
        SquarePoor[1] +=((*p -Lxy) * (*p -Lxy));           //Q(剩余平方和)
    }
    SquarePoor[2]=SquarePoor[0];                           //回归方差
    SquarePoor[3]=SquarePoor[1] / (rows -2);               //剩余方差
    return 0;
}
double data1[12][2]={
//      X       Y
    {187.1, 25.4},
    {179.5, 22.8},
    {157.0, 20.6},
    {197.0, 21.8},
    {239.4, 32.4},
    {217.8, 24.4},
    {227.1, 29.3},
    {233.4, 27.9},
    {242.0, 27.8},
    {251.9, 34.2},
    {230.0, 29.2},
    {271.8, 30.0}
};

void Display(double *dat, double *Answer, double *SquarePoor, int rows, int cols)
{
  double v, *p;
  int i, j;
  printf("回归方程式:\nY=%.5lf", Answer[0]);
```

```
    for (i=1; i<cols; i ++)
        printf(" +%.5lf*X%d", Answer[i], i);
    printf(" ");
    printf("回归显著性检验:\n ");
    printf("回归平方和: %12.4lf 回归方差: %12.4lf ", SquarePoor[0], SquarePoor[2]);
    printf("\n剩余平方和: %12.4lf 剩余方差: %12.4lf ", SquarePoor[1], SquarePoor[3]);
    printf("\n离差平方和: %12.4lf 标准误差: %12.4lf ", SquarePoor[0] +SquarePoor[1],
    sqrt(SquarePoor[3]));
    printf("\nF  检  验: %12.4lf 相关系数: %12.4lf ", SquarePoor[2] /SquarePoor[3],
        sqrt(SquarePoor[0] / (SquarePoor[0] +SquarePoor[1])));
    printf("\n剩余分析:\n ");
    printf("    观察值     估计值     剩余值     剩余平方\n ");
    for (i=0, p=dat; i<rows; i ++, p ++)
    {
        v=Answer[0];
        for (j=1; j<cols; j ++, p ++)
            v +=*p * Answer[j];
        printf("%12.2lf%12.2lf%12.2lf%12.2lf \n", *p, v, *p -v, (*p -v) * (*p -v));
    }
    system("pause");
}

int main()
{
    double Answer[2], SquarePoor[4];
    if (LinearRegression ((double *) data1, 12, &Answer [0], &Answer [1],
    SquarePoor)==0)
        Display((double *)data1, Answer, SquarePoor, 12, 2);
    return 0;
}
```

程序分析：本实验利用C程序实现了方差分析操作，完成了数据处理领域的代码编程练习。

运行结果：

```
回归方程式:
   Y = 3.41297 + 0.10814*X1
回归显著性检验:
回归平方和:     141.6641  回归方差:      141.6641
剩余平方和:      54.6059  剩余方差:        5.4606
离差平方和:     196.2700  标准误差:        2.3368
F   检  验:      25.9430  相关系数:        0.8496
剩余分析:
      观察值      估计值      剩余值    剩余平方
       25.40       23.65        1.75        3.08
       22.80       22.82       -0.02        0.00
       20.60       20.39        0.21        0.04
       21.80       24.72       -2.92        8.51
       32.40       29.30        3.10        9.60
       24.40       26.97       -2.57        6.59
       29.30       27.97        1.33        1.76
       27.90       28.65       -0.75        0.57
       27.80       29.58       -1.78        3.18
       34.20       30.65        3.55       12.58
       29.20       28.29        0.91        0.84
       30.00       32.81       -2.81        7.87
请按任意键继续. . .
```

第二部分

主教材各章习题参考答案

习题 1　C 语言与程序设计

1. 什么是程序?

答案略

2. 计算机语言经历了哪几个阶段?

答案略

3. 程序的基本结构主要有哪几种?

答案略

4. 程序的翻译方式有哪几种?

答案略

5. 熟悉上机环境,利用 VC 运行本章的两个例题。

答案略

6. 参照例题,在屏幕上输出如下信息:

```
***Happy birthday!***
```

程序代码如下:

```
#include <stdio.h>
int main()
{
    printf("***Happy birthday!***\n");
    return 0;
}
```

习题 2　基本类型数据及其运算

1. 求下列表达式的值。

(1) 3.5

(2) 8

(3) 4

(4) 2.5

(5) 3.5

(6) 9

(7) −12

(8) 7

(9) 7

2. 写出下列程序的输出结果。

```
#include <stdio.h>
int main()
{
    int a=1234,i=-1;
    short h=-1;
    float b=123.456;
    double c=12345.123456789123456789;
    printf("%d,%2d,%8d,%-8d\n",a,a,a,a);
    printf("%d,%u,%o,%x\n",i,i,i,i);
    printf("%d,%u,%o,%x\n",h,h,h,h);
    printf("%hd,%hu,%ho,%hx\n",h,h,h,h);
    printf("%f,%15f,%.2f,%20.10f\n",b,b,b,b);
    printf("%f,%10f,%.2f,%30.20f\n",c,c,c,c);
    return 0;
}
```

输出结果：

```
1234,1234,␣␣␣␣1234,1234␣␣␣␣
-1,4294967295,37777777777,ffffffff
-1,4294967295,37777777777,ffffffff
-1,65535,177777,ffff
123.456001,␣␣␣␣␣123.456001,123.46,␣␣␣␣␣␣123.4560012817
12345.123457,12345.123457,12345.12,␣␣␣␣12345.12345678912400000000
```

3. 有以下程序段：

```
int m=0,n=0;char c='a';
scanf("%d%c%d",&m,&c,&n);
printf("%d,%c,%d\n",m,c,n);
```

若从键盘上输入：

```
10
A10
```

输出结果是：

```
10,
```

```
,0
```

4. 用下面的 scanf 函数输入数据，使 a=10，b=20，c1='a'，c2='A'，x=2.5，y=5.49，试问在键盘上如何输入数据？

```
scanf("%3d%3d",&a,&b);
scanf("%f%c%f",&x,&c1,&y);
scanf("%c",&c2);
```

输入方式 1：

```
10␣20
2.5a5.49A
```

输入方式 2：

```
10
20
2.5a5.49A
```

输入方式 3：

```
10␣20␣2.5a5.49A
```

5. 编写程序，输入一个矩形的长和宽，计算该矩形的面积。

程序代码如下：

```
#include <stdio.h>
int main()
{
    float length,width,area;
    scanf("%f%f",&length,&width);
    area=length * width;
    printf("area=%f\n",area);
    return 0;
}
```

输入：

```
3.5␣5.6
```

运行结果：

```
area=19.600000
```

6. 编写程序，输入半径的值，计算并输出球的体积。

程序代码如下：

```
#include <stdio.h>
int main()
{
```

```
    float r,v;
    scanf("%f",&r);
    v=4*3.1415*r*r*r/3;
    printf("v=%f\n",v);
    return 0;
}
```

输入：

```
2.5
```

运行结果：

```
v=65.447917
```

7. 编写程序，输入一个三位整数 x(100～999)，输出其百位、十位、个位上的数字，并输出其各位之和以及各位之积。

程序代码如下：

```
#include <stdio.h>
int main()
{
    int n,g,s,b;
    scanf("%d",&n);
    b=n/100;
    s=n/10%10;
    g=n%10;
    printf("sum=%d,product=%d\n",b+s+g,b*s*g);
    return 0;
}
```

输入：

```
245
```

运行结果：

```
sum=11,product=40
```

8. 编写程序：从键盘输入一个三位整数，求其百位、十位、个位上的数字，并求出各位之和及各位之积，将该整数与结果写入文件 result.txt 中，之后再读出 result.txt 中的内容，在屏幕上进行显示，以检查结果是否正确。

程序代码如下：

```
#include<stdio.h>
#include<stdlib.h>
int main()
{
```

```
    FILE * fp;
    int n,ge,shi,bai;
    long sum,mul;
    scanf("%d",&n);
    ge=n%10;
    shi=n/10%10;
    bai=n/100;
    sum=ge+shi+bai;
    mul=ge * shi * bai;
    if((fp=fopen("result.txt","w+"))==NULL)
                                    //以读写方式打开文本文件 result.txt
    {
        printf("cannot open file\n");
        exit(0);
    }
    fprintf(fp,"%d %d %d %d %ld %ld",n,ge,shi,bai,sum,mul);    //写入文件
    rewind(fp);                     //文件内部指针重新定位到文件起始位置,从头读出
    fscanf(fp,"%d %d %d %d %ld %ld",&n,&ge,&shi,&bai,&sum,&mul);
    printf("写入文件中的数据为\n");
    printf("%d %d %d %d %ld %ld\n",n,ge,shi,bai,sum,mul);
    fclose(fp);
    system("pause");
    return 0;
}
```

习题 3　C 程序控制结构

1. 从键盘输入一个年份,判断该年是否为闰年。

程序代码如下:

```
#include <stdio.h>
int main()
{
    int year, leap;
    printf("\nplease input year \n");
    scanf("%d",&year);
    if(year%400==0||(year%4==0&&year%100!=0))  //判断是否为闰年
        leap=1;
    else
        leap=0;
    if(leap)                                   //如果为闰年
        printf("\n%d is a leap year. \n",year);
```

```
    else                                              //如果不为闰年
        printf("\n%d is not a leap year. \n",year);
    return 0;
}
```

输入：

```
2013
```

运行结果：

```
2013 is not a leap year.
```

2. 输入某年某月某日，判断这一天是这一年的第几天。
程序代码如下：

```
#include <stdio.h>
int main()
{
    int day,month,year,sum,leap;
    printf("\nplease input year,month,day\n");
    scanf("%d,%d,%d",&year,&month,&day);
    switch(month)           //计算某月以前月份的总天数
    {
        case 1:sum=0;break;
        case 2:sum=31;break;
        case 3:sum=59;break;
        case 4:sum=90;break;
        case 5:sum=120;break;
        case 6:sum=151;break;
        case 7:sum=181;break;
        case 8:sum=212;break;
        case 9:sum=243;break;
        case 10:sum=273;break;
        case 11:sum=304;break;
        case 12:sum=334;break;
        default:printf("data error");break;
    }
    sum=sum+day;            //加上日期的天数
    if(year%400==0||(year%4==0&&year%100!=0))       //判断是否为闰年
        leap=1;
    else
        leap=0;
    if(leap==1&&month>2)  //如果是闰年且月份大于2,总天数应该加一天
        sum++;
    printf("It is the %d day.",sum);
    return 0;
```

```
}
```

输入：

```
2013,2,6
```

运行结果：

```
It is the 37 day.
```

3. 从键盘输入 3 个浮点数，按照从小到大的顺序输出这 3 个数。

程序代码如下：

```
#include <stdio.h>
int main()
{
    float a,b,c,t;
    scanf("%f%f%f",&a,&b,&c);
    if (a>b)
    {   t=a;a=b;b=t;   }
    if (a>c)
    {   t=a;a=c;c=t;   }
    if (b>c)
    {   t=b;b=c;c=t;   }
    printf("%5.2f,%5.2f ,%5.2f ",a,b,c);
    return 0;
}
```

输入：

```
12.3 31.9 23.7
```

运行结果：

```
12.30,23.70,31.90
```

4. 从键盘输入一个正整数，判断其是奇数还是偶数。

程序代码如下：

```
#include <stdio.h>
int main()
{
    int num;
    printf("\nplease input number \n");
    scanf("%d",&num);
    if(year%2==0))
        printf("\n%d 是偶数。\n",num);
    else
        printf("\n%d 是奇数。\n",num);
```

```
    return 0;
}
```

输入：

```
95
```

运行结果：

```
95 是奇数
```

5. 从键盘输入一个字符，判断其是否为数字字符。如果是，输出其对应的整数；如果不是，原样输出该字符。

程序代码如下：

```
#include <stdio.h>
int main()
{
    char ch;
    ch=getchar();
    if(ch>='0'&&ch<='9')
        printf("\n%d \n",ch-'0');
    else
        printf("\n%c \n",ch);
    return 0;
}
```

输入：

```
6
```

运行结果：

```
6
```

接着，再运行一次。

输入：

```
A
```

运行结果：

```
A
```

6. 输入一个五分制的成绩，输出对应的分数段。要求：输入 A，输出 90～100；输入 B，输出 80～89；输入 C，输出 70～79；输入 D，输出 60～69；输入 E，输出 0～59。

程序代码如下：

```
#include <stdio.h>
int main()
{
```

```
    char grade;
    scanf("%c",&grade);
    switch(grade)
    {
        case  'A': printf("90~ 100\n");break;
        case  'B': printf("80~ 89\n");break;
        case  'C': printf("70~ 79\n");break;
        case  'D': printf("60~ 69\n");break;
        case  'E': printf("0~ 59\n");break;
    }
    return 0;
}
```

输入：

```
A
```

运行结果：

```
90~100
```

接着，再运行一次。
输入：

```
C
```

运行结果：

```
70~79
```

7. 从键盘输入一个 4 位正整数，求其逆序数并输出。例如，输入 1324，输出 4231。
程序代码如下：

```
#include <stdio.h>
int main()
{
    int n,g,s,b,q,m;
    scanf("%d",&n);
    q=n/1000;                           //求千位数字
    b=n/100%10;                         //求百位数字
    s=n/10%10;                          //求十位数字
    g=n%10;                             //求个位数字
    m=g * 1000+s * 100+b * 10+q;        //求逆序数
    printf("%d\n",m);
    return 0;
}
```

输入：

```
1324
```

运行结果：

```
4231
```

8. 输入一行字符，分别统计出其中英文字母、空格、数字和其他字符的个数。

程序代码如下：

```
#include <stdio.h>
int main()
{
    char c;
    int letter=0, num=0, space=0, other=0;
    while((c=getchar())!='\n')
    {
        if(c>='A'&&c<='Z') letter++;
        else if(c>='a'&&c<='z') letter++;
        else if(c>='0'&&c<='9') num++;
        else if(c==' ') space++;
        else  other++;
    }
    printf("letter=%5d \nnum=%5d \nspace=%5d \nother=%5d\n",letter,num,space,
    other);
    return 0;
}
```

输入：

```
abcd 1234 ABCD +  * % # @
```

运行结果：

```
letter=8
num=4
space=3
other=5
```

9. 利用式子 $\pi/4\approx1-1/3+1/5-1/7+1/9-\cdots$ 求 π 的近似值，要求某一项的绝对值小于 10^{-6} 即可。

程序代码如下：

```
#include <stdio.h>
#include <math.h>
int main()
{
    int s=1;
    double pi=0.0,n=1.0,t=1.0;   //pi 存放求和结果
    while(fabs(t)>=1e-6)         //检查当前项 t 的绝对值是否大于或等于 10-6
    {
        pi=pi+t;
        n=n+2;                   //n+2 是下一项的分母
```

```
        s=-s;
        t=s/n;
    }
    pi=pi*4;
    printf("pi=%f\n",pi);          //输出π的近似值
    return 0;
}
```

运行结果：

```
pi=3.141591
```

10. 有斐波那契(Fibonacci)数列如下：

1,1,2,3,5,8,13,21,…

求出这个数列的前20项之和。

程序代码如下：

```
#include <stdio.h>
int main()
{
    int n;
    double sum=0.0,f1=1.0,f2=1.0;
    for(n=1;n<=10;n++)             //每次执行循环将两项加入变量sum
    {
        sum=sum+f1;
        sum=sum+f2;
        f1=f1+f2;
        f2=f1+f2;
    }
    printf("sum=%10.0f\n",sum);
    return 0;
}
```

运行结果：

```
sum=17710
```

11. 打印出100～1000中所有的“水仙花数”。所谓“水仙花数”是指一个三位数，其各位数字的立方和等于该数本身。例如，$153=1^3+5^3+3^3$，因此153是一个“水仙花数”。

程序代码如下：

```
#include <stdio.h>
int main()
{
    int n,ge,shi,bai;
    for(n=100;n<1000;n++)
    {
        bai=n/100;
```

```
        shi-n/10%10;
        ge=n%10;
        if(n==bai * bai * bai+shi * shi * shi+ge * ge * ge)
            printf("\n%d",n);
    }
    return 0;
}
```

运行结果：

```
153
370
371
407
```

12. 求一个正整数的各个质因数。例如，输入 90，打印出 90=2 * 3 * 3 * 5。
程序代码如下：

```
#include <stdio.h>
int main()
{
    int n,m;
    int flag=1;          //第一个因子输出之前 flag 值为 1,第一个因子输出之后为 0
    scanf("%d",&n);
    printf("\n%d=",n);
    for(m=2;m<=n; )
    {
        if(n%m==0)
            if(flag==1)
            {
                printf("%5d",m);
                n=n/m;
                flag=0;
            }
            else
            {
                printf(" * %5d",m);
                n=n/m;
            }
        else m++;
    }
    return 0;
}
```

输入：

```
90
```

运行结果：

```
90= 2*3*3*5
```

13. 输出以下图形，要求输出时使用 putchar 函数。

```
        *
      * *
    * * *
  * * * *
* * * * *
```

程序代码如下：

```
#include <stdio.h>
int main()
{
    int n,m,k;
    for(n=1;n<=5;n++)
    {
        for(m=5-n;m>0;m--)          //控制每行中空格的输出
            putchar(' ');
        for(k=1;k<=n;k++)
            putchar('*');           //控制每行中*的输出
        putchar('\n');              //控制每行中换行符的输出
    }
    return 0;
}
```

14. 求 S=a + aa + aaa +…+ aa…a，其中，a 是一个数字。例如，2+22+222+2222+22222(此时 n=5，n 由键盘输入)。

程序代码如下：

```
#include <stdio.h>
int main()
{
    int a,n,i,sum=0,t=0;
    printf("Please input a and n:\n");
    scanf("%d%d",&a,&n);
    for(i=1;i<=n;i++)
    {
        t=t+a;                      //求下一项
        sum=sum+t;
        a=a*10;
    }
    printf("a+aa+…=%d\n",sum);
    return 0;
}
```

输入：

```
2 5
```

运行结果：

```
a+ aa+ …= 24690
```

15. 一个球从 100 米高处落下，每次落地后反弹到原来高度的一半。编写程序，求第 50 次反弹时弹起的高度。

程序代码如下：

```
#include <stdio.h>
int main()
{
    float sn=100.0,hn=sn/2;
    int n;
    for(n=2;n<=50;n++)
    {
        hn=hn/2;                    //第 n 次反弹高度
    }
    printf("the tenth is %f meter\n",hn);
    return 0;
}
```

运行结果：

```
the tenth is 0.000000 meter
```

分析：循环次数过多，实际上在小球第 27 次反弹时，反弹的高度已经小于 10^{-6} 米。

16. 求两个正整数 m、n 的最大公约数和最小公倍数。

程序代码如下：

```
#include <stdio.h>
int main()
{
    int a,b,m,n;
    int i,t;
    scanf("%d%d",&a,&b);
    printf("\na,b is %d,%d\n",a,b);
    if(a>b)
    {t=a;a=b;b=t;}
    m=1;
    n=b;
    for(i=a;i>0;i--)            //求最大公约数
        if(a%i==0&&b%i==0)
        {m=i;break;}
    for(i=b;;i++)               //求最小公倍数
        if(i%a==0&&i%b==0)
        {  n=i;break;}
    printf("最大公约数是%d\n",m);
```

```
    printf("最小公倍数是%d\n",n);
    return 0;
}
```

输入：

```
12 16
```

运行结果：

```
a,b is 12,16
最大公约数是 4
最小公倍数是 48
```

17. 请找出 2000 年—2200 年间的闰年。

程序代码如下：

```
#include <stdio.h>
int main()
{
    int year,k=0;
    printf("Leap year from 2000 to 2200: \n");
    for(year=2000;year<=2200;year++)
    {
        if(year%4==0&&year%100!=0||year%400==0)
        {
            printf(" %7d",year);
            k++;
            if(k%8==0)
                printf("\n");
        }
    }
    return 0;
}
```

运行结果：

```
Leap year from 2000 to 2200:
   2000   2004   2008   2012   2016   2020   2024   2028
   2032   2036   2040   2044   2048   2052   2056   2060
   2064   2068   2072   2076   2080   2084   2088   2092
   2096   2104   2108   2112   2116   2120   2124   2128
   2132   2136   2140   2144   2148   2152   2156   2160
   2164   2168   2172   2176   2180   2184   2188   2192
   2196
```

18. 编写程序：从键盘输入一串字符，以 # 结尾，并将这串字符写入文件 original.txt 中。最后复制 original.txt 内容到 result.txt 中。

```
#include<stdio.h>
#include<stdlib.h>
int main()
{
    char c;
    FILE * fp1, * fp2;
    if((fp1=fopen("original.txt","w+"))==NULL)
                                                //以读写方式打开文本文件 result.txt
    {
        printf("cannot open file original.txt \n");
        exit(0);
    }
    while((c=getchar())!='#')
    {       fputc(c,fp1);     }
    rewind(fp1);
    if((fp2=fopen("result.txt","w"))==NULL)
                                                //以写方式打开文本文件 result.txt
    {    printf("cannot open file result.txt \n");
         exit(0);
    }
    while(!feof(fp1))
    {    fputc(fgetc(fp1),fp2);    }
    fclose(fp1);
    fclose(fp2);
    system("pause");
    return 0;
}
```

习题 4　数　　组

1. 存放 10 个学生的作业成绩，前两个学生的成绩是 0 和 100，其余学生成绩从键盘输入，反序输出这些学生的成绩。

```
#define N 10                            //定义一个符号常量 N
#include "stdio.h"
int main()
{
    int a[N];                           //定义一个一维数组 a,长度为 N
    int i;
    a[0]=0,a[1]=100;
    for (i=2;i<N;i++)                   //对数组中的元素赋值
        scanf("%d",&a[i]);
    for (i=N-1;i>=0;i--)                //按相反顺序输出数组元素
        printf("%3d",a[i]);
```

```
    return 0;
}
```

输入：

```
60 85 91 76 65 50 73 88
```

运行结果：

```
88 73 50 65 76 91 85 60 100 0
```

2. 存储并输出斐波那契数列的前 20 项。数列的前两项为 1 和 1,以后各项均为前两项之和：1,1,2,3,5,8,13,21,34,55,89,…。

```
#include "stdio.h"
int main()
{
    int i;
    long f[20]={1,1};         //定义整型数组 f,20 个元素用来存放斐波那契数列的前 20 项
    for(i=2;i<20;i++)
        f[i]=f[i-1]+f[i-2];             //计算斐波那契数列的每一项
    for(i=0;i<20;i++)                   //输出前 20 项
    {    if(i%5==0)
             printf("\n");              //每输出 5 项,从下一行的行首输出
         printf("%10d",f[i]);
    }
    return 0;
}
```

运行结果：

```
    1     1     2     3     5
    8    13    21    34    55
   89   144   233   377   610
  987  1597  2584  4181  6765
```

3. 使用冒泡法对输入的 10 个整型数据进行从小到大排序。

```
#include "stdio.h"
#define  N  10                          //定义一个符号常量 N
int main()
{
    int a[N];
    int i,j,t;
    for (i=0; i<N; i++)                 //向数组输入数据
        scanf("%d",&a[i]);
    for (i=1; i<=N-1; i++)              //控制比较的趟数,N 个数需要寻找 N-1 趟
        for (j=0; j<N-i; j++)           //两两比较的次数,控制数组中的元素比较
            if (a[j]>a[j+1])            //相邻两个数比较
            {
```

```
            t=a[j];a[j]=a[j+1];a[j+1]=t;
        }
    printf("The sorted numbers: \n");
    for(i=0;i<N;i++)
        printf("%d  ",a[i]);
    return 0;
}
```

输入：

```
25 10 2 3 85 41 25 63 85 45
```

运行结果：

```
The sorted numbers:
2  3  10  25  25  41  45  63  85  85
```

4. 在一组有序的数据中查找其数据，若找到，则输出数据在数列中的位置，否则在有序数列中插入该数据。

```
#include "stdio.h"
#define N 10
int main()
{
    int a[N+1],i,j,k;                    //定义一个长度为 N+1 的数组 a
    int x,flag;
    printf("input data to array:\n");
    for(i=0;i<N;i++)                     //向数组输入数据
        scanf("%d",&a[i]);
    printf("input x:\n");
    scanf("%d",&x);                      //输入需要插入的数据
    flag=0;                              //标记数组中是否存在变量 x 的旗帜变量
    for(i=0;i<N;i++)
        if (a[i]==x)
        {
            flag=1; k=i; break;
        }
        else if (a[i]>x)
            break;                       //若没有找到,则找到插入位置
    if (flag==1)
    {                                    //若变量 x 在数组中,则输出数组元素
        printf("x is in array:%d\n",k);
        for(i=0;i<N;i++)
            printf("%d  ",a[i]);
        printf("\n");                    //换行
    }
    else if (i<=N){                      //若不在数组中,则插入 x,然后输出
```

```
        printf("x is not in array,inserting x .\n");
        for (j=N-1;j>=i;j--)
            a[j+1]=a[j];
        a[i]=x;
        for(i=0;i<=N;i++)
            printf("%d  ",a[i]);
    }
    return 0;
}
```

输入：

```
input data to array:
1 2 4 5 9 6 8 5 10 7
```

运行结果：

```
input x:
3
x is not in array,inserting x.
1   2   3   4   5   9   6   8   5   10   7
```

5. 用折半查找法在(05 13 19 21 37 56 64 75 80 88 92)表中查找元素 21。

```
#define N 11                                    //定义一个符号常量 N
#include "stdio.h"
#include "string.h"
int main()
{
    int i,number,high,low,mid,loca,a[N],flag=1,sign;
    char c;
    printf("enter data:\n");
    scanf("%d",&a[0]);                          //输入第一个数
    i=1;
    while(i<N)                                  //检查数是否已输入完毕
    {
        scanf("%d",&a[i]);                      //输入下一个数
        if(a[i]>=a[i-1])
            i++;                                //使数的序号加 1
        else
            printf("enter this data again:\n"); //要求重新输入此数
    }
    printf("\n");
    for(i=0;i<N;i++)
        printf("%5d",a[i]);
    while(flag)
    {
```

```
        printf("\ninput number to look for:");
        scanf("%d",&number);                        //输入要查找的数
        sign=0;                                     //sign 为 0 表示尚未找到
        low=0;                                      //low 表示查找区间的起始位置
        high=N-1;                                   //high 表示查找区间的最末位置
        if((number<a[0])||(number>a[N-1]))
            loca=-1;                                //表示要查找的数不在正常范围内
        while((!sign)&&(low<=high)) {
            mid=(low+high)/2;                       //找出中间元素的下标
            if(number==a[mid])                      //条件 number 等于数组中间元素
            {    loca=mid;
                printf("Has found %d ,its position is %d\n",number,loca+1);
                sign=1;
            }
            else if(number<a[mid])                  //条件 number 小于数组中间元素
                high=mid-1;
            else
                low=mid+1;                          //条件 number 大于数组中间元素
        }
        if(!sign||loca==-1)
            printf("can not find %d.\n",number);
        printf("continue or not(Y/N)?");
        getchar();
        scanf("%c",&c);
        if(c=='N'||c=='n')
            flag=0;
    }
    return 0;
}
enter data:
```

输入：

```
5 13 19 21 37 56 64 75 80 88 92
```

运行结果：

```
5   13   19   21   37   56   64   75   80   88   92
input number to look for:21
Has found 21,its position is 4
continue or not(Y/N)? y

input number to look for:6
can not find 6.
continue or not(Y/N)?n
```

6. 分段统计 10 个学生的考试成绩。分数段设定为：60 分以下、60～69 分、70～79 分、80～89 分、90～99 分、100 分。统计各个分数段的人数，并输出到屏幕上。

```
#include "stdio.h"
int main()
{
    int i,a[10];
    int b[6]={0};                          //对数组 b 中的全部元素赋值为 0
    printf("enter the score:\n");          //输入提示
    for (i=0;i<10;i++){                    //向数组 a 中输入数据
        scanf("%d",&a[i]);
        switch(a[i]/10)                    //switch 语句
        {    case 6:b[1]++;break;
            case 7:b[2]++;break;
            case 8:b[3]++;break;
            case 9:b[4]++;break;
            case 10:b[5]++;break;
            default: b[0]++;
        }
    }
    printf("the result is:\n60 分以下、60~69、70~79、80~89、90~99、100 \n");
                                           //输出提示
    for (i=0;i<6;i++)                      //输出数组 b 中的元素
        printf("%d\t",b[i]);
    return 0;
}
enter the score:
```

输入：

```
56 63 45 75  82 62 95 71 60 53
```

运行结果：

```
the result is:
60 分以下、 60~69、 70~79、 80~89、 90~99、 100
   3          3         2        1         1       0
```

7. 判断任意整数 x 是否为回文数。回文数是顺读与反读都一样的数。

```
#include "stdio.h"
int main()
{
    long  x;
    int i,j,n,d[20];  //n 为 x 的位数,d 数组用来存放每位数,数组长度应设计得大一些
    scanf("%ld",&x);                       //输入数据
    n=0;
```

```
    do
    {
        d[n]=x%10;                          //将 x 的个位数字存放在数组 d 中
        x=x/10;                             //将 x 缩小至 1/10
        n++;
    }while(x!=0);
    for(i=0,j=n-1;i<j;i++,j--)
        if(d[i]!=d[j])  break;              //判断数组 d 下标 i 和 j 指向的元素是否相等
    if(i<j)  printf("NOT");
    else  printf("YES");
    return 0;
}
```

输入：

```
62426
```

运行结果：

```
YES
```

8. 已知数组 A 中有 8 个互不相等的元素，数组 B 中有 5 个互不相等的元素，而数组 C 中的元素是包含在 A 中但不在 B 中的元素，编程产生数组 C。例如，数组 A 中存有 3、2、5、7、0、1、4、8，数组 B 中存有 10、3、11、7、5，则数组 C 中的数据是 2、0、1、4、8。

```
#include "stdio.h"
int main()
{
    int i,j,k=0,a[8],b[5],c[8];
    for(i=0;i<=7;i++)
        scanf("%d",&a[i]);
    for(i=0;i<=4;i++)
        scanf("%d",&b[i]);                  //输入数组 A、B
    for(i=0;i<=7;i++){
        for(j=0;j<=4;j++)
            if(a[i]==b[j]) break;           //条件 A 数组元素等于 B 数组元素
        if(j>=5){                           //说明此元素不在 B 中
            c[k]=a[i];k++;                  //将不在 B 中的元素存放到 C 中
        }
    }
    for(i=0;i<k;i++)                        //输出数组 C
        printf("%5d",c[i]);
    printf("\n");
    return 0;
}
```

输入：

```
3 1 5 12 6 8 9 4
1 7 8 2 5
```

运行结果：

```
3   12    6    9    4
```

9. 输入任意 5 个数放在数组中，假定输入 5 个数为 5、2、8、3、10，打印以下方阵：

```
5    2    8    3    10
2    8    3    10   5
8    3    10   5    2
3    10   5    2    8
10   5    2    8    3
```

```
#include "stdio.h"
int main()
{
    int x[5],i,j,y;
    for(i=0;i<5;i++)                        //向数组 x 输入数据
        scanf("%d",&x[i]);
    for(i=0;i<5;i++)                        //输出数组 x
        printf("%5d",x[i]);
    printf("\n");
    for(i=1;i<=4;i++)
    {
        y=x[0];                             //移动
        for(j=1;j<5;j++)                    //数组元素前移
            x[j-1]=x[j];
        x[4]=y;
        for(j=0;j<5;j++)                    //输出一行
            printf("%5d",x[ j]);
        printf("\n");
    }
    return 0;
}
```

输入：

```
1 2 3 4 5
```

运行结果：

```
1   2   3   4   5
2   3   4   5   1
3   4   5   1   2
4   5   1   2   3
5   1   2   3   4
```

10. 输入20个正整数,找出其中的质数,并由小到大排序。

```
#include "stdio.h"
int main()
{
    int a[20],b[20],i,j,k,m;
    for(i=0;i<20;i++)
        scanf("%d",&a[i]);
    k=0;                                        //用来存放统计质数的个数
    for(i=0;i<20;i++)
    {
        for(j=2;j<a[i]-1;j++)
            if(a[i]%j==0) break;
        if(j>=a[i]-1)                           //当a[i]是质数时 j≥a[i]-1
        {    b[k]=a[i];k++;                     //将质数存放到数组b中
        }
    }
    for(i=0;i<k-1;i++)                          //对质数进行排序
        for(j=i+1;j<k;j++)
            if(b[j]<b[i])
            {
                m=b[i];b[i]=b[j];b[j]=m;
            }
    for(i=0;i<k;i++)                            //输出数组b
        printf("%5d",b[i]);
    printf("\n");                               //换行
    return 0;
}
```

输入:

```
5 12 62 45 48 9 8 62 35 12 14 15 74 58 53 23 21 20 36 15
```

运行结果:

```
5   23   53
```

11. 用"筛选法"求1~100中的质数。

```
#include "math.h"
#include "stdio.h"
int main()
{
    int i,j,count=0,a[101];
    for (i=1;i<=100;i++)
        a[i]=i;                                 //赋值
    for (i=2;i<sqrt(100);i++)
```

```
        for (j=i+1;j<=100;j++)
        {
            if(a[i]!=0 && a[j]!=0)
                if(a[j]%a[i]==0)
                    a[j]=0;                    //把非质数挖掉
        }
    printf("\n");                              //输出
    for (i=2;i<=100;i++){
        if (a[i]!=0)
        {printf("%5d",a[i]);count++;}
        if(count%10==0)printf("\n");           //输出 10 个数后换行
    }
    printf("\n count=%d", count);              //输出质数的个数
    return 0;
}
```

运行结果：

```
 2   3   5   7  11  13  17  19  23  29
31  37  41  43  47  53  59  61  67  71
73  79  83  89  97
count=25
```

12. 从键盘输入 10 个整数,检查整数 k 是否包含在这些数据中,若包含，找出它的位置。

```
#include "stdio.h"
int main()
{
    int data[10],i,k;
    for(i=0;i<10;i++)                         //向数组 data 中输入数据
        scanf("%d",&data[i]);
    scanf("%d",&k);
    for(i=0;i<10;i++)
        if(data[i]==k)                        //判断数组中元素是否为 k
        {
            printf("%d is in the position of %d \n",k,i+1);
            break ;                           //跳出循环
        }
    if (i>=10)                                //判断 i 是否大于或等于 10
        printf("%d is not in data.\n",k);
    return 0;
}
```

输入：

```
2 5 6 9 8 4 7 6 1 12
```

```
7
```

运行结果：

```
7 is in the position of 7
```

13. 将数组 a 中的 10 个元素逆序存放并输出。

```
#define N 10
#include "stdio.h"
int main()
{
    int a[N]={1,2,3,4,5,6,7,8,9,10},i,temp;
    printf("\n original array:\n");                    //提示信息
    for(i=0;i<N;i++)                                     //输出数组 a
        printf("%4d",a[i]);
    for(i=0;i<N/2;i++)                                   //交换元素
    {    temp=a[i];
        a[i]=a[N-i-1];
        a[N-i-1]=temp;
    }
    printf("\n sorted array:\n");
    for(i=0;i<N;i++)                                     //逆序输出数组 a
        printf("%4d",a[i]);
    return 0;
}
```

运行结果：

```
original array:
   1   2   3   4   5   6   7   8   9  10
sorted array:
  10   9   8   7   6   5   4   3   2   1
```

14. 求二维数组对角线元素的和。例如：

$$\begin{matrix} 1 & 2 & 3 \\ 4 & 5 & 6 \\ 7 & 8 & 9 \end{matrix}$$

主对角线元素 1、5、9 的和为 15。

```
#include "stdio.h"
int main()
{
    int a[3][3]={{1,2,3},{4,5,6},{7,8,9}},i,j,sum=0;
    for(i=0;i<3;i++)
      for(j=0;j<3;j++)
        if(i==j)            //判断是否是主对角线元素
```

```
            sum=sum+a[i][j];
    printf("%d",sum);
    return 0;
}
```

15. 初始化一个矩阵(4 行 4 列)如下：

$$\begin{matrix} 1 & 0 & 0 & -1 \\ 0 & 1 & -1 & 0 \\ 0 & -1 & 1 & 0 \\ -1 & 0 & 0 & 1 \end{matrix}$$

即主对角线元素为 1,次对角线元素为−1,其余为 0。

```
#include "stdio.h"
int main()
{
    int a[4][4],i,j,sum=0;
    for(i=0;i<4;i++)
        for(j=0;j<4;j++)
            if(i==j)                     //判断是否是主对角线元素
                a[i][j]=1;
            else if(i+j==3)              //判断是否是次对角线元素
                a[i][j]=-1;
            else [i][j]=0;
    for(i=0;i<4;i++)
    {   for(j=0;j<4;j++)
            printf("%d\t",a[i][j]);
        printf("\n");
    }
    return 0;
}
```

16. 存储并打印杨辉三角的前 10 行。杨辉三角的具体形式为：

$$\begin{matrix} & & & & 1 & & & & \\ & & & 1 & & 1 & & & \\ & & 1 & & 2 & & 1 & & \\ & 1 & & 3 & & 3 & & 1 & \\ 1 & & 4 & & 6 & & 4 & & 1 \\ & & & & \cdots & & & & \end{matrix}$$

杨辉三角的特点为：

- 第 0 列和对角线上的元素都为 1；
- 除第 0 列和对角线上的元素以外,其他元素的值均为前一行上的同列元素和前一列元素之和。

```
#include "stdio.h"
int main()
{
    int  s[10][10];
    int  i,j,k;
    for(i=0;i<10;i++)                  //为数组中的对角线和第 0 列元素赋值
    {
        s[i][i]=1;s[i][0]=1;
    }
    for(i=2;i<10;i++)                  //为其他元素赋值
        for(j=1;j<i;j++)
            s[i][j]=s[i-1][j-1]+s[i-1][j];
    printf("\n");
    for(i=0;i<10;i++)                  //不输出无意义的元素
    {     for (k=i;k<=10;k++)          //控制每行的空格
              printf("  ");
         for(j=0;j<=i;j++)             //控制每行的数据
              printf("%4d",s[i][j]);
         printf("\n");
    }
    return 0;
}
```

运行结果：

```
                    1
                  1   1
                1   2   1
              1   3   3   1
            1   4   6   4   1
          1   5  10  10   5   1
        1   6  15  20  15   6   1
      1   7  21  35  35  21   7   1
    1   8  28  56  70  56  28   8   1
  1   9  36  84 126 126  84  36   9   1
```

17. 向一个三维数组输入值并输出此数组全部元素。

```
#include "stdio.h"
int main()
{
    int i,j,k,a[2][3][2];              //定义一个三维数组 a
    for(i=0;i<2;i++)                   //向数组 a 中输入数据
        for(j=0;j<3;j++)
            for(k=0;k<2;k++)
                scanf("%d",&a[i][j][k]);
    for(i=0;i<2;i++)                   //输出数组 a
```

```
        for(j=0;j<3;j++)
            for(k=0;k<2;k++)
                printf("\na[%d] [%d] [%d]=%d", i,j,k, a[i][j][k]);
    return 0;
}
```

输入：

```
1 2 3 4 5 6 7 8 9 10 11 12
```

运行结果：

```
a[0] [0] [0]=1
a[0] [0] [1]=2
a[0] [1] [0]=3
a[0] [1] [1]=4
a[0] [2] [0]=5
a[0] [2] [1]=6
a[1] [0] [0]=7
a[1] [0] [1]=8
a[1] [1] [0]=9
a[1] [1] [1]=10
a[1] [2] [0]=11
a[1] [2] [1]=12
```

18. 查找一个字符在一个字符串中出现的所有字符位置。例如，abccba 中 a 出现的位置为 1 和 6。

```
#include "stdio.h"
#include "string.h"
int main()
{
    char a[100];
    char ch ;
    int i;
    gets(a);                                //输入字符串
    scanf("%c",&ch);                        //输入要查找的字符
    for (i=0; i<strlen(a); i++)
    {
        if (ch==a[i])
        {
            printf ("The place of the character in the string is %d\n", i+1);
        }
    }
    return 0;
}
```

19. 对一个字符串重新排列，字母排在前面，数字排在后面，并不改变原来字母之间以及数字之间的字符顺序(要求在本数组内实现重新排序)。

```
#include "stdio.h"
#include "string.h"
int main()
{
    char str[80], tmp;
    int i, j;
    gets(str);
    for(i=strlen(str)-2;i>=0; --i)            //从后向前遍历
    {
        if ('0'<=str[i] && str[i]<='9')        //是否是数字字符
        {  j=i;
           while(str[j+1]>=65)         //如果数字字符后面一直是字母,就不断地交换
           {
               tmp=str[j];
               str[j]=str[j+1];
               str[j+1]=tmp;
               j++;
           }
        }
    }
    printf("%s\n", str);
}
```

20. 输入一个英文句子，将每个单词的第一个字母改成大写字母。例如：
i want to get accepted 变为 I Want To Get Accepted。

```
#include <stdio.h>
#include <string.h>
int main()
{  char str[101];
   int i;
   gets(str);
   if(str[0]>='a'&&str[0]<='z')
     str[0]=str[0]-32;
   for(i=1;str[i]!='\0';i++)
   {  if(str[i-1]==' '&&str[i]>='a'&&str[i]<='z')
                                                    //如果前面是空格并且后面是字母
          str[i]=str[i]-32;
   }
   puts(str);
   return 0;
}
```

21. 编写程序：输入 3 个字符串，按字母顺序对字符串升序排序，并将排序结果写入 result.txt 文件中。

```
#include<stdio.h>
#include<stdlib.h>
#include<string.h>
int main()
{
    char str[3][20],temp[20];
    int i,j,k;
    for(i=0;i<3;i++)
        gets(str[i]);

    for(i=0;i<2;i++)
    {
        k=i;
        for(j=i+1;j<3;j++)
        {
            if(strcmp(str[j],str[k])<0)
                k=j;
        }
        if(k!=i)
        {
            strcpy(temp,str[i]);
            strcpy(str[i],str[k]);
            strcpy(str[k],temp);
        }
    }
    FILE *fp;
    if((fp=fopen("result.txt","w"))==NULL)   //以写方式打开文本文件 result.txt
    {
        printf("cannot open file result.txt \n");
        exit(0);
    }
    for(i=0;i<3;i++)
    {
        fputs(str[i],fp);
        fputc('\n',fp);
    }
    fclose(fp);
    system("pause");
    return 0;
}
```

习题 5　函　　数

1. 编写程序,统计字符串中字母、数字以及其他字符的个数。

```
#include <stdio.h>
#include <string.h>
int main()
{
    void statics(char s[]);
    char s[80];
    printf("please input strings:\n");
    gets(s);
    statics(s);
    return 0;
}
void statics(char s[])
{
    int i,j,k,l;
    for(i=0,j=k=l=0;s[i]!='\0';i++)
    {
        if(s[i]>='A'&&s[i]<='Z'||s[i]>='a'&&s[i]<='z')        //判断字母
            j++;
        else if(s[i]>='0'&&s[i]<='9')                          //判断数字
            k++;
        else
            l++;
    }
    printf("字母个数是%d,数字个数是%d,其他字符个数是%d\n",j,k,l);
}
```

输入:

```
We12!aac%$36
```

运行结果:

```
字母个数是 5,数字个数是 4,其他字符个数是 3
```

2. 编写程序,将一维数组中每个元素的值加 1 后显示出来。

```
#include <stdio.h>
void add(int a[],int n)
{   int i;
    for(i=0;i<n;i++)
        a[i]++;
```

```
}
int main()
{
    int i;
    int array[]={9,8,7,6,5,4,3,2,1,0};
    add(array,10);
    for(i=0;i<10;i++)
    printf("%d ",array[i]);
    return 0;
}
```

运行结果：

```
10 9 8 7 6 5 4 3 2 1
```

3. 编写程序，在已按升序排序的数列中插入一个数，并使插入后数列仍按升序排列。

```
#include <stdio.h>
#define N 11
int main()
{
    void insert(int array[],int m);
    int a[N],m,i;
    for(i=0;i<N-1;i++)
        scanf("%d",&a[i]);          //输入有 10 个数的数列
        scanf("%d",&m);             //输入要插入的数
    printf("\n");
    insert(a,m);
    for(i=0;i<N;i++)                //输出有 11 个数的新数列
        printf("%5d",a[i]);
    return 0;
}
void insert(int array[],int m)
{    int i;
     for(i=N-2;i>=0;i--)
     {    if(a[i]<m) break;         //将当前数与 m 比较，找到插入位置，结束循环
          a[i+1]=a[i];              //将当前数向后移动
     }
     a[i+1]=m;                      //把 m 插入当前数之后
}
```

输入：

```
1 2 3 4 5 6 7 8 9 14
12
```

运行结果：

```
1 2 3 4 5 6 7 8 9 12 14
```

4. 编写程序,用递归方法求两个整数的最大公约数。

两个整数 n、m 的最大公约数的递归定义为：如果 n 可以被 m 整除,则它们的最大公约数是 m,否则,求 m 与“n 除以 m 的余数”的最大公约数。即：

$$Gcd(n,m)=\begin{cases} m & (n\%m=0) \\ Gcd(m,n\%m) & (n\%m\neq 0) \end{cases}$$

```
#include <stdio.h>
int Gcd(int n,int m);
int main()
{
    int n1,n2;
    scanf("%d,%d",&n1,&n2);
    printf("最大公约数是:%d",Gcd(n1,n2));
    return 0;
}
int Gcd(int n,int m)
{
    if(n%m==0)
        return (m);
    else
        return (Gcd(m,n%m));
}
```

输入：

```
12,21
```

运行结果：

```
3
```

5. 编写一个判断质数的程序,在主函数中输入一个整数,输出该数是否为质数的信息。

```
#include <stdio.h>
int main()
{
    int prime(int);
    int n;
    scanf("%d",&n);
    if(prime(n))
        printf("%d is a prime.\n",n);
    else
        printf("%d is not a prime.\n",n);
    return 0;
```

```
}
int prime(int n)
{
    int flag=1,i;
    for(i=2;i<n/2&&flag==1;i++)
        if(n%i==0)
            flag=0;
    return (flag);
}
```

输入:

```
53
```

运行结果:

```
53 is a prime
```

6. 编写程序,使给定的 3×3 的二维整型数组转置,即行列互换。

```
#include <stdio.h>
#define N 3
int score[N][N];
int main()
{
    void convert(int score[][3]);
    int i,j;
    printf("input array:\n");
    for(i=0;i<N;i++)
        for(j=0;j<N;j++)
            scanf("%d",&score[i][j]);
    for(i=0;i<N;i++)
    {   for(j=0;j<N;j++)
        printf("%d\t",score[i][j]);
        printf("\n");
    }
    convert(score);
    for(i=0;i<N;i++)
    {
        for(j=0;j<N;j++)
            printf("%d\t",score[i][j]);
        printf("\n");
    }
    return 0;
}
void convert()
{
```

```
    int i,j,k;
    for(i=0;i<N;i++)
    for(j=i+1;j<N;j++)
        { t=array[i][j];array[i][j]=array[j][i];array[j][i]=t; }
}
```

输入：

```
1 2 3 4 5 6 7 8 9
```

运行结果：

```
1 2 3
4 5 6
7 8 9
1 4 7
2 5 8
3 6 9
```

7. 编写程序，依次取出字符串中所有数字字符，形成新的字符串，并取代原字符串（例如，window123open456 变为 123456）。

```
#include <stdio.h>
void fun(char array[])
{
    int i,j;
    for(i=0,j=0; array[i]!='\0'; i++)
        if (array[i]>='0' && array[i]<='9')
        {
            array[j]=array[i];   j++;
        }
    array[j]='\0';
}
int main()
{
    char s[15];
    scanf("%s",s);
    fun(s);
    printf("\nThe result:");
    printf("%s",s);
    return 0;
}
```

输入：

```
window123open456
```

运行结果：

```
The result:123456
```

8. 编写程序,利用带参数的宏定义,实现对输入的两个参数的值进行互换。

```
#include <stdio.h>
#define swap(a,b) t=b;b=a;a=t
int main()
{
    int a,b,t;
    printf("input two integer a,b: ");
    scanf("%d,%d",&a,&b);
    swap(a,b);
    printf("a=%d,b=%d\n",a,b);
    return 0;
}
```

输入:

```
5,8
```

运行结果:

```
a=8,b=5
```

9. 分别用函数和带参数的宏从 3 个数中找出最大数。

(1) 用函数实现。

```
#include <stdio.h>
int main()
{
    int max(int x,int y,int z);
    int a,b,c;
    printf("input three integer:");
    scanf("%d,%d,%d",&a,&b,&c);
    printf("max=%d\n",max(a,b,c));
    return 0;
}
int max(int x,int y,int z)
{
    return (x>y?x:y)>z?(x>y?x:y):z;
}
```

输入:

```
2,5,8
```

运行结果:

```
max= 8
```

（2）用带参数的宏实现。

```
#include <stdio.h>
#define MAX(a,b) ((a)>(b)?(a):(b))
int main()
{
    int a,b,c;
    printf("input three integer:");
    scanf("%d,%d,%d",&a,&b,&c);
    printf("max=%d\n",MAX(MAX(a,b),c));
    return 0;
}
```

输入：

```
1,3,6
```

运行结果：

```
max=6
```

习题 6 指　　针

1. 用指针为 3 个整型变量赋值，并按降序输出。

程序代码如下：

```
#include <stdio.h>
int main()
{
    void sort(int *p1,int *p2);
    int n1,n2,n3;
    int *p1=&n1,*p2=&n2,*p3=&n3;
    printf("input three integer n1,n2,n3:");
    scanf("%d,%d,%d",p1,p2,p3);
    if(*p1<*p2)
    sort(p1,p2);
    if(*p1<*p3)
        sort(p1,p3);
    if(*p2<*p3)
        sort(p2,p3);
    printf("\nNew order is:%5d,%5d,%5d\n",*p1,*p2,*p3);
    return 0;
}
void sort(int *p1,int *p2)
{
```

```
    int p;
    p= * p1;
     * p1= * p2;
     * p2=p;
}
```

运行结果：

```
input three integer n1,n2,n3:15,8,60
New order is:   60,    15,     8
```

2. 用指针作函数参数，将 a 数组中的最小元素与 b 数组中的最大元素交换，输出交换前后的 a、b 数组。

程序代码如下：

```
#include <stdio.h>
int main()
{
    void exchange(int * p1,int * p2,int n);
    int a[12]={1,2,3,4,5,6,7,8,9,10,11,12};
    int b[12]={21,22,23,24,25,26,27,28,29,30,31,32};
    int * p1, * p2;
    for(p1=a;p1<a+12;p1++)
        printf("%5d", * p1);
    printf("\n");
    for(p2=b;p2<b+12;p2++)
        printf("%5d", * p2);
    printf("\n");
    p1=a;
    p2=b;
    exchange(p1,p2,12);
    printf("\n");
    for(p1=a;p1<a+12;p1++)
        printf("%5d", * p1);
    printf("\n");
    for(p2=b;p2<b+12;p2++)
        printf("%5d", * p2);
    printf("\n");
    return 0;
}
void exchange(int * p1,int * p2,int n)
{
    int * p, * p_end;
    int * amin, * bmax;
    int temp;
    p_end=p1+12;
```

```
    amin=p1;
    bmax=p2;
    for(p=p1+1;p<p_end;p++)
        if(*p<*amin)
            amin=p;
    for(p=p2+1;p<p_end;p++)
        if(*p>*bmax)
            bmax=p;
    temp=*amin;
    *amin=*bmax;
    *bmax=temp;
}
```

输入：

```
 1   2   3   4   5   6   7   8   9  10  11  12
21  22  23  24  25  26  27  28  29  30  31  32
```

运行结果：

```
32   2   3   4   5   6   7   8   9  10  11  12
21  22  23  24  25  26  27  28  29  30  31   1
```

3. 编写程序，返回指向长度为 n 的一维数组中间元素的指针。若 n 为偶数，返回下标较小的中间元素(如 n=10，则中间元素为 a[4]，而不是 a[5])。

程序代码如下：

```
#include <stdio.h>
int main()
{
    int *fun(int *p,int n);
    int a[11];
    int i;
    int *p;
    for(i=0;i<11;i++)
        scanf("%d",&a[i]);
    p=a;
    p=fun(p,11);
    printf("%d\n",*p);
    return 0;
}
int *fun(int *p,int n)
{
    int i,m=(n-1)/2;
    p=p+m;
    return p;
}
```

4. 用指针作函数参数，找出二维数组主对角线上的最大元素，并计算主对角线元素之和。

程序代码如下：

```
#include <stdio.h>
int main()
{
    void fun(int (*p)[3],int *p1,int *p2);
    int a[3][3];
    int (*p)[3];
    int *p1, *p2;
    int i,j,sum=0,max=0;
    for(i=0;i<3;i++)
        for(j=0;j<3;j++)
            scanf("%d",&a[i][j]);
    p=a;
    p1=&max;
    p2=&sum;
    fun(p,p1,p2);
    printf("%5d%5d\n", *p1, *p2);
    return 0;
}
void fun(int (*p)[3],int *p1,int *p2)
{
    int i;
    for(i=0;i<3;i++)
        if(p[i][i]> *p1)
            *p1=p[i][i];
    for(i=0;i<3;i++)
        *p2= *p2+p[i][i];
}
```

输入：

```
1 2 3
4 5 6
7 8 9
```

运行结果：

```
9   15
```

5. 用指针作函数参数，不使用库函数，分别计算两个字符串的长度，并将两个字符串连接成一个字符串。

程序代码如下：

```
#include <stdio.h>
#include <string.h>
int main()
{
    void fun(char * str,char * str1,char * str2,int * len1,int * len2);
    char * str1="abcde";
    char * str2="qwerty";
    char c[80];
    char * str;
    int len1=0,len2=0;
    str=c;
    fun(str,str1,str2,&len1,&len2);
    printf("len1=%5d\nlen2=%5d\n",len1,len2);
    puts(str);
    return 0;
}
void fun(char * str,char * str1,char * str2,int * len1,int * len2)
{
    int i,j;
    for(i=0;str1[i]!='\0';i++)
        * len1=i+1;
    for(i=0;str2[i]!='\0';i++)
        * len2=i+1;
    for(i=0;str1[i]!='\0';i++)
        str[i]=str1[i];
    for(j=0;str2[j]!='\0';)
        str[i++]=str2[j++];
    str[i]='\0';
}
```

运行结果：

```
len1=5
len2=6
abcdeqwerty
```

6. 利用指针作函数参数，将从键盘输入的字符串逆序存放，并输出。

程序代码如下：

```
#include <stdio.h>
#include <string.h>
int main()
{
    void fun(char * t);
    char s[20];
    printf("\nPlease enter a string:\n");
```

```
    gets(s);
    fun(s);
    puts(s);
    return 0;
}
void fun(char * t)
{
    char * p;
    char c;
    p=t+strlen(t)-1;
    for(;(p-t)>=1;t++,p--)
    {
        c= * p;
        * p= * t;
        * t=c;
    }
}
```

7. 利用指针作函数参数，将从键盘输入的一个字符串中的大小写字母分别存为两个字符串，并输出。

程序代码如下：

```
#include <stdio.h>
#include <string.h>
int main()
{
    void fun(char * p,char * p1,char * p2);
    char str[80],str1[20],str2[20];
    printf("\nintput a string:\n");
    gets(str);
    fun(str,str1,str2);
    puts(str);
    puts(str1);
    puts(str2);
    return 0;
}
void fun(char * p,char * p1,char * p2)
{
    for(; * p!='\0';)
        if( * p>='A'&& * p<='Z')
        {
            * p1= * p;
            p1++;
            p++;
        }
```

```
    else
        if( * p>='a'&& * p<='z')
        {
            * p2= * p;
            * p2++;
            p++;
        }
        else
            p++;
    * p1='\0';
    * p2='\0';
}
```

8. 利用指针作函数参数，实现两个字符串的交换。

程序代码如下：

```
#include <stdio.h>
#include <string.h>
int main()
{
    void fun(char * p1,char * p2);
    char str1[80],str2[80];
    printf("\ninput 2 strings:\n");
    gets(str1);
    gets(str2);
    fun(str1,str2);
    puts(str1);
    puts(str2);
    return 0;
}
void fun(char * p1,char * p2)
{
    char c;
    char * bpoint;
    bpoint=p1;
    if(strlen(p1)==strlen(p2))
        for(; * p1!='\0';p1++,p2++)
        {
            c= * p2;
            * p2= * p1;
            * p1=c;
        }
    else
        if(strlen(p1)<strlen(p2))
        {
```

```
        for(; * p1!='\0';p1++,p2++)
        {
            c= * p2;
            * p2= * p1;
            * p1=c;
        }
        bpoint=p2;
        for(; * p2!='\0';p1++,p2++)
        {
            * p1= * p2;
        }
        * bpoint='\0';
        * p1='\0';
    }
    else
    {
        for(; * p2!='\0';p1++,p2++)
        {
            c= * p1;
            * p1= * p2;
            * p2=c;
        }
        bpoint=p1;
        for(; * p1!='\0';p1++,p2++)
        {
            * p2= * p1;
        }
        * bpoint='\0';
        * p2='\0';
    }
}
```

9. 利用指向指针的指针对 n 个字符串按升序排列后输出。

程序代码如下：

```
#include <stdio.h>
#include <string.h>
int main()
{
    void fun(char * * p,int n);
    char * * p;
    char * name[5]={"Follow me","BASIC","Great Wall","FORTRAN","Computer
    design"};
    int i;
    p=name;
```

```
    fun(p,5);
    for(i=0;i<5;i++)
    {
        puts(name[i]);
    }
    printf("\n");
    return 0;
}
void fun(char * * p,int n)
{
    int i,j,k;
    char * str;
    str= * p;
    for(i=0;i<n;i++)
    {
        k=i;
        for(j=i+1;j<n;j++)
            if(strcmp(p[k],p[j])>0)
                k=j;
        if(k!=i)
            {str=p[i];p[i]=p[k];p[k]=str;}
    }
}
```

10. 利用指针作函数参数,将从键盘输入的字符串中的所有数字字符合并为一个整数并输出。

程序代码如下:

```
#include <stdio.h>
#include <string.h>
int main()
{
    void fun(char *p,int * num);
    char s[30];
    int num=0;
    gets(s);
    fun(s,&num);
    printf("%ld\n",num);
    return 0;
}
void fun(char *p,int * num)
{
      for(; * p!='\0';p++)
          if (* p>='0'&& * p<='9')
                * num=(* num * 10)+(* p-48);
    }
```

11. 有 n 个整数,利用指针使其前面各数顺序向后移 m 个位置,最后 m 个数变成最前面的 m 个数。

程序代码如下:

```
#include <stdio.h>
#define N 15
int main()
{
    void fun(int *p_head,int m,int n);
    int arr[N]={1,2,3,4,5,6,7,8,9,10,11,12,13,14,15};
    int i=0,m;
    int *p;
    p=arr;
    /*for(i=0;i<N;i++)          若数组没有初始化,可用循环输入数据
        scanf("%d",p++);*/
    scanf("%d",&m);
    while(0>=m||m>N/2)
    {
        scanf("%d",&m);
    }
    p=arr;
    for(i=0;i<N;i++)
        printf("%5d",*p++);
    p=arr;
    fun(p,m,N);
    printf("\n\n");
    for(i=0;i<N;i++)
        printf("%5d",*p++);
    return 0;
}
void fun(int *p_head,int m,int n)
{
    int *p_end,*p_temp;
    int i=0,num;
    p_end=p_head+n-1;
    for(;p_temp=p_end,num=*p_temp,i<m;i++)
    {
        for(;p_temp>=p_head;p_temp--)
        {
            *p_temp=*(p_temp-1);
        }
        *p_head=num;
    }
}
```

12. 利用指针作函数参数，对 n 个学生(每个学生有 4 门课程的学生成绩表)求每个学生的平均成绩，将 n 个学生的成绩按降序输出，再查找指定学生的各科成绩、平均成绩及排名序号。在主调函数输出以上查询结果。

程序代码如下：

```
#include <stdio.h>
#define N 3
#define M 6
int main()
{
    int (*p1)[M];
    void average(int (*p1)[M]);
    void sort(int *name[M]);
    int *search(int (*p1)[M],int n);
    int score[N][M]={{0,65,67,70,60,0}, {0,80,87,90,81,0},{0,90,99,100,98,0}};
    int *p2, *p3;
    int *name[M];
    int num;
    int i;
    p1=score;
    p2=score[0];
    p3=p2;
    for(i=0;i<N;i++,p1++)
    {
        name[i]= *p1;
    }
    /* 若数组没有初始化，可用下面循环输入成绩数据
    for(p1=score;p1<score+N;p1++)
    {
        for(p2= *p1+1;p2< *p1+M-1;p2++)
        {
            scanf("%d",p2);
        }
    }
    */
    printf("output the score array :\n");
    for(p1=score;p1<score+N;p1++)
    {
        printf("\n");
        for(p2= *p1;p2< *p1+M-1;p2++)
        {
            printf("%5d", *p2);
        }
    }
```

```
    p1=score;
    printf("\n");
    average(p1);
    printf("output the average score :\n");
    for(p1=score;p1<score+N;p1++)
    {
        printf("\n");
        for(p2= * p1;p2< * p1+M;p2++)
        {
            printf("%5d", * p2);
        }
    }
    printf("\n");
    sort(name);
    printf("after sort score :\n");
    for(p1=score;p1<score+N;p1++)
    {
        printf("\n");
        for(p2= * p1;p2< * p1+M;p2++)
        {
            printf("%5d", * p2);
        }
    }
    printf("\ninput a num please :\n");
    scanf("%d",&num);
    p1=score;
    p2=search(p1,num);
    printf("\nthe result is :\n");
    for(p3=p2;p2<p3+M;p2++)
    {
        printf("%5d", * p2);
    }
    printf("\n");
    return 0;
}
void average(int ( * p1)[M])
{
    int * p2;
    int sum;
    int i;
    p2= * p1;
    for(i=0;i<N;p1++,i++)
    {
        for(sum=0,p2= * p1+1;p2< * p1+M-1;p2++)
```

```
        {
            sum=sum+ * p2;
        }
        * p2=sum/(M-2);
    }
}
void sort(int * name[M])
{
    int temp[M];
    int i,j,k,h;
    for(i=0;i<N;i++)
    {
        k=i;
        for(j=i+1;j<N;j++)
            if( * (name[k]+M-1)< * (name[j]+M-1))
                k=j;
        if(k!=i)
        {
            for(h=1;h<M;h++)
            {
                temp[h]= * (name[i]+h);
                * (name[i]+h)= * (name[k]+h);
                * (name[k]+h)=temp[h];
            }
        }
    }
    for(i=0;i<N;i++)
        * name[i]=N-i;
}
int * search(int ( * p1)[M],int n)
{
    int * pt;
    pt= * (p1+n);
    return(pt);
}
```

13. 利用指针对 n 个整型数用冒泡法按升序排序,并输出。

程序代码如下:

```
#include <stdio.h>
#define N 10
int main()
{
    void sort(int * p);
    void print(int * p);
```

```
    int a[]={15,5,9,2,7,11,8,3,12,1};
    int *p;
    p=a;
    printf("\ninput the array please:\n");
    /*若数组没有初始化,可用下面循环输入数据
    for(p=a;p<a+N;p++)
        scanf("%d",p);
    */
    printf("\n排序前:\n");
    p=a;
    print(p);
    sort(p);
    printf("排序后:\n");
    print(a);
    return 0;
}
void sort(int *p)
{
                                                //冒泡排序函数
    int i,j,t;
    int *p1,*p2;
    for(p1=p;p1<p+N;p1++)
    {
        for(p2=p;p2<p+N-1;p2++)
        {
            if(*(p2)>*(p2+1))
            {
                t=*(p2);
                *(p2)=*(p2+1);
                *(p2+1)=t;
            }
        }
    }
}
void print(int *p)
{
                                                //打印函数
    int i;
    int *p1;
    for(p1=p;p1<p+N;p1++)
    {
        printf("%5d",*p1);
    }
```

```
    printf("\n");
}
```

14. 利用指针运算,在有 n 个整数的集合中,用二分法查找指定的数字。

程序代码如下:

```
#include <stdio.h>
#define N 10
int main()
{
    void sort(int *p);
    int *fun(int *p,int key);
    int a[N]={1,9,3,8,5,15,7,2,0,10};
    int i,x;
    int *p;
    p=a;
    printf("请输入 n 个元素:\n");
    /*                              若数组没有初始化,可用下面循环输入数据
    for(i=0;i<N;i++,p++)
        scanf("%d",p);
    p=a;
*/
    sort(p);
    printf("\n 排序后的数组为:\n");
    for(i=0;i<N;i++,p++)
        printf("%5d",*p);
    printf("\n");
    p=a;
    printf("\n 请输入待查找的数 x:\n");
    scanf("%d",&x);
    p=fun(p,x);
    if(*p!=x)
        printf("\n 没找到.\n");
    else
        printf("\n 找到了,是下标为%d 的元素.\n\n",(p-a));
    return 0;
}
void sort(int *p)
{
    int i,j,t;
    int *p1,*p2;
    for(p1=p;p1<p+N;p1++)
    {
        for(p2=p;p2<p+N-1;p2++)
        {
```

```
            if(*(p2)>*(p2+1))
            {
                t=*(p2);
                *(p2)=*(p2+1);
                *(p2+1)=t;
            }
        }
    }
}
int *fun(int *p,int key)
{
    int *front,*end,*mid;
    front=p;
    end=p+N-1;
    mid=front+N/2;
    while(front<end&&*mid!=key)
    {
        if(*mid<key)
            front=mid+1;
        if(*mid>key)
            end=mid-1;
        mid=(front+(end-front)/2);
    }
    return mid;
}
```

习题 7　结构体与共用体

1. 用结构体变量表示平面上的一个点(横坐标和纵坐标),输入两个点,求两点之间的距离。

程序代码如下:

```
#include <stdio.h>
#include <math.h>
struct dot
{
    float x;
    float y;
};
int main()
{
    struct dot d1,d2;
```

```
    float s;
    printf("The first dot is: ");
    scanf("%f%f",&d1.x,&d1.y);
    printf("The second dot is: ");
    scanf("%f%f",&d2.x,&d2.y);
    s=sqrt((d1.x-d2.x)*(d1.x-d2.x)+(d1.y-d2.y)*(d1.y-d2.y));
    printf("distance=%f\n",s);
    return 0;
}
```

运行结果：

```
The first dot is: 2  5
The second dot is: 3  8
distance=3.162278
```

2. 用结构体变量表示日期（年、月、日），任意输入两个日期，求它们之间相差的天数。程序代码如下：

```
#include <stdio.h>
#include <math.h>
struct date
{
    int year;
    int month;
    int day;
}x,y;
int day(struct date m)
{
    int i,days;
    int day_tab[13]={0,31,28,31,30,31,30,31,31,30,31,30,31};
    days=0;
    for(i=1;i<m.month;i++)
        days=days+day_tab[i];
    days=days+m.day;
    if((m.year%4==0 && m.year%100!=0 || m.year%400==0) && m.month>=3)
        days=days+1;
    return(days);
}
int days(struct date x,struct date y)
{
    int d=0;
    int i;
    struct date min,mas;
    if(x.year<y.year)
    {
```

```
        min=x;
        mas=y;
    }
    else
    {
        min=y;
        mas=x;
    }
    for(i=min.year+1;i<mas.year;i++)
    {
        d=d+(((i%4==0&&i%100!=0)||i%400==0)?366:365);
    }
    if(x.year==y.year)
    {
        d=fabs(day(y)-day(x));
        return d;
    }
    d=d+day(mas)+((((min.year%4==0&&min.year%100!=0)||(min.year%400==0))?
    366:365)-day(min));
    return(d);
}
int main()
{
    int tianshu;
    printf("请输入第一个日期\n");
    scanf("%d%d%d",&x.year,&x.month,&x.day);
    printf("请输入第二个日期\n");
    scanf("%d%d%d",&y.year,&y.month,&y.day);
    tianshu=days(x,y);
    printf("两日期相差天数为: \n%d\n",tianshu);
    return 0;
}
```

运行结果：

```
请输入第一个日期
2012 12 1
请输入第二个日期
2013 3 5
两日期相差天数为:
94
```

3. 用结构体变量表示复数(实部和虚部),输入两个复数,求两复数之积。

程序代码如下：

```
#include <stdio.h>
```

```
#include <stdlib.h>
struct complex
{
    float real;
    float image;
}x,y;
int main()
{
    struct complex a;
    printf("请输入第一个复数的实部和虚部: \n");
    scanf("%f%f",&x.real,&x.image);
    printf("请输入第二个复数的实部和虚部: \n");
    scanf("%f%f",&y.real,&y.image);
    a.real=x.real * y.real-x.image * y.image;
    a.image=x.real * y.image+x.image * y.real;
    if(a.real!=0.0)
    {
        if(a.image==0.0)
            printf("%5.2f\n",a.real );
        else
            printf("%5.2f+%5.2fi\n",a.real,a.image);
    }
    else
    {
        if(a.image!=0.0)
            printf("%5.2fi\n",a.image);
        else
            printf("0");
    }
    return 0;
}
```

运行结果：

```
请输入第一个复数的实部和虚部:
2.5 5.2
请输入第二个复数的实部和虚部:
4.6 1.6
3.18+27.92i
```

4. 设计一个通讯录的结构体类型(包括姓名、性别、单位、手机号)，编写函数 input 用于向通讯录输入数据，函数 output 用于输出通讯录中的数据，函数 find 用于查找某人的信息。在主函数中定义结构体数组，调用 input 输入数据，调用 output 输出数据，再调用 find 按姓名查找通讯录中的信息。

程序代码如下：

```
#include <stdio.h>
#include <string.h>
#define N 3
struct person
{
    char name[8];
    char sex;
    char unit[20];
    char tel[15];
}p[N];
int main()
{
    void input(struct person p[]);
    void output(struct person p[]);
    struct person * find(struct person p[],char str[]);
    struct person * a;
    char str[8];
    input(p);
    output(p);
    printf("input finding name:  ");
    scanf("%s",str);
    a=find(p,str);
    if(a==NULL)
        printf("not found\n");
    else
        printf("%-10s%-5c%-22s%-15s",a->name,a->sex,a->unit,a->tel);
    return 0;
}
void input(struct person p[])
{
    int i;
    for(i=0;i<N;i++)
    {
        printf("input data of person %d:\n",i+1);
        printf("name:   ");
        scanf("%s",p[i].name);
        printf("sex: ");
        scanf(" %c",&p[i].sex);
        printf("unit:   ");
        scanf("%s",p[i].unit);
        printf("TEL: ");
        scanf("%s",p[i].tel);
        printf("\n");
    }
```

```
}
void output(struct person p[])
{
    int i;
    printf("\nname      sex  unit                    tel\n");
    for(i=0;i<N;i++)
    {
        printf("%-10s%-5c%-22s%-15s",p[i].name,p[i].sex,p[i].unit,p[i].tel);
        printf("\n");
    }
}
struct person * find(struct person p[],char str[])
{
    int i;
    for(i=0;i<N;i++)
    {
        if(strcmp(str,p[i].name)==0)
        return &p[i];
    }
    return NULL;
}
```

运行结果：

```
input data of person 1:
name:   zhang
sex: m
unit:   aaa
TEL: 85095001

input data of person 2:
name:   wang
sex: f
unit:   bbb
TEL: 85095016

input data of person 3:
name:   feng
sex: f
unit:   ccc
TEL: 85065015

name      sex  unit                    tel
zhang     m    aaa                     85095001
wang      f    bbb                     85095016
```

```
feng      f     ccc                     85065015
input finding name:  zhang
zhang     m     aaa                     85095001
```

5. 有3个学生，每个学生的数据包括学号（no）、姓名（name）、3门课程成绩（score[3]）和总分。要求编写一个程序，输入学生数据，计算每个学生的总分，并按总分从高到低的顺序输出每个学生的信息（包括学号、姓名和3门课程成绩）。

程序代码如下：

```
#include <stdio.h>
#define N 3
struct student
{
    char no[8];
    char name[8];
    float score[3];
    float sum;
}stu[N];
int main()
{
    int i,j;
    float sum;
    struct student max;
    for(i=0;i<N;i++)
    {
        printf("input scores of student %d:\n",i+1);
        printf("NO.:");
        scanf("%s",stu[i].no);
        printf("name:");
        scanf("%s",stu[i].name);
        sum=0;
        for(j=0;j<3;j++)
        {
            printf("score %d:",j+1);
            scanf("%f",&stu[i].score[j]);
            sum=sum+stu[i].score[j];
        }
        stu[i].sum=sum;
    }
    if(stu[0].sum<stu[1].sum)
    {
        max=stu[0];
        stu[0]=stu[1];
        stu[1]=max;
```

```
    }
    if(stu[0].sum<stu[2].sum)
    {
        max=stu[0];
        stu[0]=stu[2];
        stu[2]=max;
    }
    if(stu[1].sum<stu[2].sum)
    {
        max=stu[1];
        stu[1]=stu[2];
        stu[2]=max;
    }
    printf("NO        name      score1   score2   score3   sum\n");
    for(i=0;i<N;i++)
    {
        printf("%-10s%-10s",stu[i].no,stu[i].name);
        for(j=0;j<3;j++)
            printf("%-9.2f",stu[i].score[j]);
        printf("%-8.2f\n",stu[i].sum);
    }
    return 0;
}
```

运行结果：

```
input scores of student 1:
NO.:411201
name:zhang
score 1:80
score 2:75
score 3:90
input scores of student 2:
NO.:411202
name:wang
score 1:67
score 2:85
score 3:66
input scores of student 3:
NO.:411203
name:jiang
score 1:90
score 2:86
score 3:77
NO        name      score1   score2   score3   sum
```

```
411203    jiang     90.00    86.00    77.00    253.00
411201    zhang     80.00    75.00    90.00    245.00
411202    wang      67.00    85.00    66.00    218.00
```

6. 统计单链表中结点的个数，其中，first 为指向第一个结点的指针(链表不带头结点)。程序代码如下：

```
#include <stdio.h>
#include <stdlib.h>
typedef struct node
{
    int data;
    struct node * next;
}LISTNODE;                          //表结点的结构体类型
LISTNODE * creatlist(int * s);
void outlist(LISTNODE * head);
int main()
{
    int a[5]={11,15,18,21,29};
    LISTNODE * h;                   //定义指针变量 h,用于指向链表头结点
    h=creatlist(a);                 //creatlist 函数建立链表,链表结点数据域的值为数
                                    //组 a 元素的值
    outlist(h);                     //调用 outlist 函数依次输出链表中结点数据域的值
    return 0;
}
LISTNODE * creatlist(int * s)       //建立链表函数 creatlist
{
    LISTNODE * head, * p, * q;
    int i=1;
    head=p=(LISTNODE * )malloc(sizeof(LISTNODE));
                                    //生成第一个结点,使 head 和 p 指向它
    p->data=s[0];
    while(i<5)
    {
        q=(LISTNODE * )malloc(sizeof(LISTNODE));  //生成待插入结点,使 q 指向它
        q->data=s[i];               //为待插入结点的数据域赋值
        p->next=q;                  //将待插入结点链接到 p 所指向结点的后面
        p=q;                        //p 指向新插入结点
        i++;
    }
    p->next=NULL;                   //使尾结点的指针域置为空
    return head;
}
void outlist(LISTNODE * head)       //输出链表函数 outlist
{
```

```
    LISTNODE * p;
    int num=0;
    p=head;                          //p 指向第一个结点
    printf("\nhead");
    while(p!=NULL)
    {
        printf("->%d",p->data); //输出 p 指向结点数据域的值
        p=p->next;                   //p 指向下一个结点
        num++;
    }
    printf("->end\n");
    printf("node number is:  %d\n",num);
}
```

运行结果：

```
head->11->15->18->21->29->end
node number is: 5
```

7. 已知 head 指向一个带头结点的单向链表，链表中每个结点包含数据域(data)和指针域(next)，数据域为整型。编写程序，求出链表中所有结点数据域的和，并作为函数值返回。

程序代码如下：

```
#include <stdio.h>
#include <stdlib.h>
typedef struct node
{
    int data;
    struct node * next;
}LISTNODE;                                       //表结点的结构体类型
LISTNODE * creatlist(int * s);
int sum(LISTNODE * head);
int main()
{
    int a[5]={11,15,18,21,29},s;
    LISTNODE * h;                                //定义指针变量 h,用于指向链表头结点
    h=creatlist(a); //creatlist 函数建立链表,链表结点数据域的值为数组 a 元素的值
    s=sum(h);                                    //调用 sum 函数,求所有结点数据域的和
    printf("node sum is:  %d\n",s);
    return 0;
}
LISTNODE * creatlist(int * s)                    //建立链表函数 creatlist
{
    LISTNODE * head, * p, * q;
```

```
    int i=0;
    head=p=(LISTNODE *)malloc(sizeof(LISTNODE));//生成头结点,使head和p指向它
    while(i<5)
    {
        q=(LISTNODE *)malloc(sizeof(LISTNODE));  //生成待插入结点,使q指向它
        q->data=s[i];                   //为待插入结点的数据域赋值
        p->next=q;                      //将待插入结点链接到p所指向结点的后面
        p=q;                            //p指向新插入结点
        i++;
    }
    p->next=NULL;                       //使尾结点的指针域置为空
    return head;
}
int sum(LISTNODE * head)                //输出链表函数 outlist
{
    LISTNODE * p;
    int s=0;
    p=head->next;                       //p指向第一个结点
    printf("\nhead");
    while(p!=NULL)
    {
        printf("->%d",p->data);         //输出p指向结点数据域的值
        s=s+p->data;
        p=p->next;                      //p指向下一个结点
    }
    printf("->end\n");
    return s;
}
```

运行结果：

```
head->11->15->18->21->29->end
node number is: 94
```

8. 编程建立一个带有头结点的单向链表，链表结点中的数据通过键盘输入，当输入数据为－1时，表示输入结束(链表头结点的data域不放数据)。

程序代码如下：

```
#include <stdio.h>
#include <stdlib.h>
typedef struct node
{
    int data;
    struct node * next;
}LISTNODE;                      //表结点的结构体类型
LISTNODE * creatlist();
```

```
void outlist(LISTNODE * head);
int main()
{
    LISTNODE * h;              //定义指针变量 h,用于指向链表头结点
    h=creatlist();  //creatlist 函数建立链表,链表结点数据域的值为数组 a 元素的值
    outlist(h);                //调用 outlist 函数,依次输出链表中结点数据域的值
    return 0;
}
LISTNODE * creatlist()         //建立链表函数 creatlist
{
    LISTNODE * head, * p, * q;
    int a,i=0;
    head=p=(LISTNODE * )malloc(sizeof(LISTNODE)); //生成头结点,使 head 和 p 指向它
    while(1)
    {
        printf("input node %d:  ",i+1);
        scanf("%d",&a);
        if(a==-1)
            break;
        q=(LISTNODE * )malloc(sizeof(LISTNODE));  //生成待插入结点,使 q 指向它
        q->data=a;                     //为待插入结点的数据域赋值
        p->next=q;                     //将待插入结点链接到 p 所指向结点的后面
        p=q;                           //p 指向新插入结点
        i++;
    }
    p->next=NULL;                      //使尾结点的指针域置为空
    return head;
}
void outlist(LISTNODE * head)          //输出链表函数 outlist
{
    LISTNODE * p;
    p=head->next;                      //p 指向第一个结点
    printf("\nhead");
    while(p!=NULL)
    {
        printf("->%d",p->data);        //输出 p 指向结点数据域的值
        p=p->next;                     //p 指向下一个结点
    }
    printf("->end\n");
}
```

运行结果:

```
input node 1:  5
input node 2:  12
```

```
input node 3:  8
input node 4:  20
input node 5:  16
input node 6:  -1

head->5->12->8->20->16->end
```

9. 已知head指向一个带头结点的单向链表,链表中每个结点包含字符型数据域(data)和指针域(next)。编写程序,实现在第n个结点前插入值为key的结点。

程序代码如下:

```
#include <stdio.h>
#include <stdlib.h>
typedef struct node
{
    int data;
    struct node * next;
}LISTNODE;
LISTNODE * creatlist();
void outlist(LISTNODE * head);
void insert(LISTNODE * head,int key,int n);
int main()
{
      int key,n;
      LISTNODE * h;
      h=creatlist();
      outlist(h);
      printf("input key:  ");
      scanf("%d",&key);
      printf("\ninput n:  ");
      scanf("%d",&n);
      insert(h,key,n);
      outlist(h);
      return 0;
}
LISTNODE * creatlist()                    //建立链表函数 creatlist
{
      LISTNODE * head, * p, * q;
      int a,i=0;
      head=p=(LISTNODE *)malloc(sizeof(LISTNODE));    //生成头结点,使head和p指向它
      while(1)
      {
          printf("input node %d:  ",i+1);
          scanf("%d",&a);
          if(a==-1)
```

```
            break;
        q=(LISTNODE *)malloc(sizeof(LISTNODE));  //生成待插入结点,使 q 指向它
        q->data=a;                     //为待插入结点的数据域赋值
        p->next=q;                     //将待插入结点链接到 p 所指向结点的后面
        p=q;                           //p 指向新插入结点
        i++;
    }
    p->next=NULL;                      //使尾结点的指针域置为空
    return head;
}
void outlist(LISTNODE * head)          //输出链表函数 outlist
{
    LISTNODE * p;
    p=head->next;                      //p 指向第一个结点
    printf("\nhead");
    while(p!=NULL)
    {
        printf("->%d",p->data);        //输出 p 指向结点数据域的值
        p=p->next;                     //p 指向下一个结点
    }
    printf("->end\n");
}
void insert(LISTNODE * head,int key,int n)
{
    LISTNODE * p, * q, * s;
    int num=1;
    s=(LISTNODE *)malloc(sizeof(LISTNODE));  //生成插入结点,使 s 指向它
    s->data=key;                       //将 key 赋给待插入结点的数据域
    p=head;                            //p 指向头结点
    q=head->next;                      //q 指向第一个结点
    while(q!=NULL&&num!=n)
    {          //未到表尾或未到第 n 个结点,则后移一个结点继续比较
        p=q;
        q=q->next;                     //使 q 指向下一个结点
        num++;
    }
    s->next=q;                         //使 s 结点指向 q 结点
    p->next=s;                         //使 q 的前驱结点 p 指向 s 结点
}
```

运行结果:

```
input node 1:  10
input node 2:  40
input node 3:  30
```

```
input node 4:  20
input node 5:  60
input node 6:  70
input node 7:  -1
head->10->40->30->20->60->70->end
input key:  100
input n:  4
head->10->40->30->100->20->60->70->end
```

10. 将一个无表头结点的单链表按逆序排列，即将链头当链尾，链尾当链头。
程序代码如下：

```
#include <stdio.h>
#include <stdlib.h>
typedef struct node
{
    int data;
    struct node * next;
}LISTNODE;                          //表结点的结构体类型
LISTNODE * creatlist(int * s);
void outlist(LISTNODE * head);
LISTNODE * inver(LISTNODE * head);
int main()
{
    int a[5]={11,15,18,21,29};
    LISTNODE * h;                   //定义指针变量 h,用于指向链表头结点
    h=creatlist(a);   //creatlist 函数建立链表,链表结点数据域的值为数组 a 元素的值
    printf("the original link list:");
    outlist(h);                     //调用 outlist 函数依次输出链表中结点数据域的值
    h=inver(h);                     //按逆序排列链表
    printf("the reverse link list:");
    outlist(h);
    return 0;
}
LISTNODE * creatlist(int * s)      //建立链表函数 creatlist
{
    LISTNODE * head, * p, * q;
    int i=1;
    head=p=(LISTNODE *)malloc(sizeof(LISTNODE)); //生成第一个结点,使 head 和 p 指向它
    p->data=s[0];
    while(i<5)
    {
        q=(LISTNODE *)malloc(sizeof(LISTNODE));    //生成待插入结点,使 q 指向它
        q->data=s[i];              //为待插入结点的数据域赋值
```

```
        p->next=q;                  //将待插入结点链接到p所指向结点的后面
        p=q;                        //p指向新插入结点
        i++;
    }
    p->next=NULL;                   //使尾结点的指针域置为空
    return head;
}
void outlist(LISTNODE * head)      //输出链表函数outlist
{
    LISTNODE * p;
    p=head;                         //p指向第一个结点
    printf("\nhead");
    while(p!=NULL)
    {
        printf("->%d",p->data);     //输出p指向结点数据域的值
        p=p->next;                  //p指向下一个结点
    }
    printf("->end\n");
}
LISTNODE * inver(LISTNODE * head)
{
    LISTNODE * h, * p, * q, * t;
    h=p=head;
    q=h->next;
    t=NULL;
    while(q!=NULL)
    {
        t=q->next;
        q->next=p;
        p=q;
        q=t;
    }
    h->next=NULL;
    h=p;
    return h;
}
```

运行结果:

```
the original link list:
head->11->15->18->21->29->end
the reverse link list:
head->29->21->18->15->11->end
```

11. 编写程序：有 3 个学生数据，每个学生包括学号(no)、姓名(name)、C 语言成绩(score)，请编写函数 input，功能是：输入一个要存储的文件名(不用输入扩展名)，再从键盘输入这 3 个学生的数据，将学生的数据存储于该文件中。最后编写函数 search，功能是：从键盘输入一个学生学号，从文件中查询该学生信息，如存在则将其输出，否则显示"没有此学生！"。

```
#include<stdio.h>
#include<stdlib.h>
#include<string.h>
struct stu
{
    char no[8];
    char name[10];
    int score;
}students[3];
void input(char * filename,struct stu s[],int n);
void search(char * filename,char no[8]);
int main()
{
    char filename[20];
    char searched_no[8];
    printf("请输入不带扩展名的文件名\n");
    gets(filename);
    input(filename,students,3);
    printf("请输入要查询的学生学号\n");
    gets(searched_no);
    search(filename,searched_no);
    system("pause");
    return 0;
}
void input(char * filename,struct stu s[],int n)
{    int i;
    for(i=0;i<3;i++)
    {
        printf("第%d 个学生数据 \n",i+1);
        printf(" 学号 7 位: ");
        gets(students[i].no);
        printf(" 姓名: ");
        gets(students[i].name);
        printf(" C 语言成绩: ");
        scanf("%d",&students[i].score);
        getchar();                              //接收 scanf 函数留下的回车
```

```
    }
    FILE * fp;
    if((fp=fopen(strcat(filename,".dat"),"wb"))==NULL)  //以写方式打开二进制文件
    {
        printf("cannot open file \n");
        exit(0);
    }
    for(i=0;i<3;i++)
    {
        fwrite(&students[i],sizeof(students[i]),1,fp);
        fputc('\n',fp);
    }
    fclose(fp);
}
void search(char * filename,char no[8])
{
    FILE * fp;
    int i;
    if((fp=fopen(filename,"rb"))==NULL)             //以读方式打开二进制文件
    {
        printf("cannot open file \n");
        system("pause");
        exit(0);
    }
    for(i=0;i<3;i++)
    {
        fread(&students[i],sizeof(struct stu),1,fp);
        fgetc(fp);                                  //接收回车符
    }
    for(i=0;i<3;i++)
    {
        if(strcmp(students[i].no,no)==0)
        {
            printf("查询的学生信息: \n");
            puts(students[i].no);
            puts(students[i].name);
            printf("%d",students[i].score);
            break;
        }
    }
    if(i==3)
        printf("没有此学生!\n");
    fclose(fp);
}
```

习题8 位 运 算

1. 编写一个函数,对一个 16 位的二进制数取出它的偶数位(即从左起第 2,4,6,…,16 位)。

程序代码如下:

```
#include "stdio.h"
int main()
{
    void getbits(unsigned int m);
    unsigned int a;
    printf("\ninput an number: ");
    scanf("%o",&a);
    getbits(a);
    return 0;
}
void getbits(unsigned int m)
{
    int n[8];
    int,i,j,z,p=0;
    for(i=2,j=0;i<=16;i+=2,j++)
    {
        z=m>>(16-i);
        z=z<<15;
        z=z>>15;
        n[j]=z%2;
    }
    for(p=0;p<j;p++)
        printf("%o,",n[p]);
}
```

2. 编写一个 fun 函数,判断一个整数第 9 位(最低位为 0)是 0 还是 1。如果此位为 0,则返回整数 0;如果此位为 1,则返回整数 1。

程序代码如下:

```
#include "stdio.h"
int fun(int b)                 //fun 函数
{
    int x,y;
    x=b&(0x0040);              //用屏蔽字 0x0200(十六进制)取数 b 的第 9 位
    y=x>>9;                    //数 x 右移 9 位,把数 b 的第 9 位移至第 0 位(最低位)
    if (y!=0)
        return 1;
```

```
    else
        return 0;
}
int main()
{
    int a,s;
    printf("请输入数 a=");
    scanf("%o",&a);          //以八进制的格式输入
    s=fun(a);
    if (s==1)
        printf("数%o 的第 9 位是 1\n",a);
    else
        printf("数%o 的第 9 位是 0\n",a);
    return 0;
}
```

3. 编写一个函数,用来实现左右循环移位。函数名为 move,调用方法为 move(value,n),其中,value 为要循环位移的数,n 为位移的位数。

程序代码如下:

```
#include "stdio.h"
int  main()
{
    unsigned moveright(unsigned,int);          //右移函数原型
    unsigned moveleft(unsigned,int);           //左移函数原型
    unsigned a;
    int n;
    printf("\n input an octal number:");
    scanf("%o",&a);
    printf("input n:");
    scanf("%d",&n);
    if(n>0)
    {
        moveright(a,n);
        printf("result:%o\n",moveright(a,n));
    }
    else
    {
        n=-n;
        moveleft(a,n);
        printf("result:%o\n",moveleft(a,n));
    }
    return 0;
}
unsigned moveright(unsigned value,int n)        //右移函数
{
    unsigned z;
    z=(value>>n)|(value<<(16-n));
    return(z);
```

```
}
unsigned moveleft(unsigned value,int n )        //左移函数
{
    unsigned z;
    z=(value>>(16-n))|(value<<n);
    return(z);
}
```

4. 编写程序,检查自己所用的计算机系统的 C(或 VC++)编译在执行右移时是按照逻辑右移的原则,还是按照算术右移的原则进行操作的。编写一个函数实现此逻辑右移。

程序代码如下:

```
#include "stdio.h"
short ljyy(short x)                              //逻辑右移函数
{
    short y;
    y=x>>1;                                      //右移一位
    y=y&(0x7fff);                                //最高位补零,其余不变
    return y;
}
int main()
{
    short x,y;
    printf("please input x=");
    scanf("%d",&x);
    y=x;
    x=x>>1;                                      //右移一位
    if (x<0)                                     //右移一位后,最高位为 1
    {
        printf("x=%d\n",x);
        printf("该编译系统为算术右移!\n");
    }
    else                                         //右移一位后,最高位为 0
    {
        printf("x=%d\n",x);
        printf("该编译系统为逻辑右移!\n");
    }
    printf("逻辑右移的结果为: \n");
    y=ljyy(y);
    printf("y=%d\n",y);
    return 0;
}
```

5. 定义一个位段,使之满足以下的要求:a 有 2 位,b 有 2 位,c 有 2 位,d 有 4 位。

程序代码如下:

```
struct bitfields
{
    unsigned a:2;
```

```
    unsigned b:2;
    unsigned c:2;
    unsigned d:4;
}
```

习题 9　C++初步知识

1. C++语言头文件的标准和写法是怎样的?

答:C++是在C语言的基础上发展而来的,C语言的头文件在C++ 中依然被支持。C++头文件有两个标准,一是C标准,一是C++标准。在C++程序中,头文件有下面三种写法:

(1) C标准头文件,文件名加.h,如:

```
#include <string.h>
```

(2) C++标准新增头文件,文件名不加.h,如 iostream ,但需要声明命名空间 std,写法如下:

```
#include <iostream>
using namespace std;
```

(3) 标准C++把C的库改进成C++的库,头文件名不加.h,但是在库名字前加c,表示来自于C语言,写法如下:

```
#include <cstdio>
using namespace std;
```

2. 为什么需要命名空间? 命名空间的作用和定义是什么?

答:命名空间是由ANSI C++引入的可以由用户命名的作用域,用来处理程序中常见的同名冲突。在C语言中定义了3个层次的作用域,即文件(编译单元)、函数和复合语句。C++又引入了类作用域,类是出现在文件内的。在不同的作用域中可以定义相同名字的变量,互不干扰,系统能够区分它们。写法如下:

```
using namespace std;
```

习题 10　类 和 对 象

1. 简述类与对象的定义及其关系。

答:类是一种复杂的数据类型,它是将不同类型的数据和与这些数据相关的运算封装在一起的集合体。它是用户自定义的类型,如果程序中要用到类,必须提前说明,或者使用已存在的类。

对象是具有类类型的变量。类是对象的抽象,而对象是类的具体实例。

2. 什么是构造函数？它有哪些特点?

答:构造函数是在创建对象时系统自动调用的,使用给定的值将对象初始化。构造函数可以带参数、可以重载,没有返回值。构造函数是类的成员函数,系统约定构造函数名必须与类名相同。

3. 什么是析构函数？它有哪些特点?

答:析构函数的作用与构造函数正好相反,是在对象的生命期结束时,释放系统为对象所分配的空间,即要撤销一个对象。析构函数没有返回值,在销毁对象时自动执行。构造函数的名字和类名相同,而析构函数的名字是在类名前面加一个符号“~”。

析构函数没有参数,不能被重载,因此一个类只能有一个析构函数。如果用户没有定义,编译器会自动生成一个默认的析构函数。

4. 下面程序的输出结果是多少?

```
#include <iostream>
using namespace std;
class  A
{
    float  x,y;
public:
    float  m,n;
    void Setxy( float a, float b ){  x=a;   y=b;  }
    void  Print(void) {  cout<<x<<'\t'<<y<<endl;  }
};
void main(void)
{   A  a1,a2;
    a1.Setxy(2.0 , 5.0);
    a1.Print();
    a2=a1;
    a2.Print();
    a1.m=10;  a1.n=20;
    cout<<a1.m<<'\t'<<a1.n<<endl;
}
```

运行结果:

```
 2   5
 2   5
10  20
```

5. 下面程序的输出结果是什么?

```
#include <iostream>
using namespace std;
class A
{   float x,y; public:
    A(float a,float b)
    {   x=a;y=b;
```

```
        cout<<"调用非默认的构造函数\n";
    }
    A()
    {   x=0;  y=0;
        cout<<"调用默认的构造函数\n" ;
    }
    ~A() {  cout<<"调用析构函数\n";}
    void Print(void) {    cout<<x<<'\t'<<y<<endl;  }
};
void main(void)
{   A  a1;
    A  a2(3.0,30.0);
    cout<<"退出主函数\n";
}
```

运行结果：

```
调用默认的构造函数
调用非默认的构造函数
退出主函数
```

习题 11 继承和派生

1. 采用公有继承方式，基类中的成员在派生类中的访问权限如何？

答：采用公有继承方式，基类中的成员在派生类中的访问权限如下：

基类中所有 public 成员在派生类中为 public 属性；

基类中所有 protected 成员在派生类中为 protected 属性；

基类中所有 private 成员在派生类中不能使用。

2. 采用私有继承方式，基类中的成员在派生类中的访问权限如何？

答：采用私有继承方式，基类中的成员在派生类中的访问权限如下：

基类中的所有 public 成员在派生类中均为 private 属性；

基类中的所有 protected 成员在派生类中均为 private 属性；

基类中的所有 private 成员在派生类中不能使用。

3. 采用保护继承方式，基类中的成员在派生类中的访问权限如何？

答：采用保护继承方式，基类中的成员在派生类中的访问权限如下：

基类中的所有 public 成员在派生类中为 protected 属性；

基类中的所有 protected 成员在派生类中为 protected 属性；

基类中的所有 private 成员在派生类中不能使用。

习题 12 Windows 编程

1. 基于 Windows 编程有哪两种途径？

答：一是使用 Windows API 函数，另一种是基于 Windows MFC。

2. 基于 Windows API 的 Windows 程序开发的优缺点是什么？

答：调用 Windows API 所提供的结构和函数来开发 Windows 应用程序优点是代码运行效率高，因而至今在某些特殊场合中仍旧使用；缺点是编程烦琐，手工代码量比较大。

3. MFC 应用程序向导提供了哪几种类型的应用程序框架？

答：MFC 应用程序向导能够创建最常用、最基本的三种应用程序类型：单文档、多文档和基于对话框的应用程序。

4. 解决方案文件的扩展名是什么？项目文件的扩展名是什么？

答：解决方案文件的扩展名为 sln，项目文件扩展名为 vcxproj。

5. 用 MFC 应用程序向导分别创建一个单文档应用程序、一个多文档应用程序和一个对话框应用程序，比较它们的异同。

答：单文档应用程序一次只能打开一个文档框架窗口，只能进行一份文档或图片的操作，不能同时在一个程序打开两个文档文件。单文档应用程序运行时是一个单窗口界面。例如记事本应用程序，一次只能编辑一个文本文件，不能同时编辑多个。

多文档应用程序运行时，可以同时打开多个文档框架窗口，这些窗口称作子窗口(Child Window)。可以用多个子窗口显示不同的信息，可以同时操作多个文件。例如 Microsoft Word 应用程序，可以同时打开多个 Word 文档。

与文档应用程序相比较，基于对话框的应用程序一般没有菜单、工具栏及状态栏，也不能处理文档。对话框是与用户进行交互的界面，它可以向用户显示信息，也可以让用户输入数据，例如“打开”对话框和“另存为”对话框等。

6. 单文档应用程序主要有哪 4 类？

答：视图类(CSDIView)、应用类(CSDIApp)、文档类(CSDIDoc)和主框架窗口类(CMainFrame)。

习题 13　对话框和控件

1. 基于对话框编程一般需要几个步骤？

答：基于对话框编程一般需要 5 步：用 MFC 应用程序向导创建基于对话框的应用程序框架、添加和布局控件、添加控件变量、进行消息映射、编写对话框代码。

2. 控件变量有哪两种类别？有何不同？

答：控件变量分为 Control(控件类别)和 Value(值类别)两种类别。控件类别的变量是这个控件所属类的一个实例(对象)，可以通过这个变量来对该控件进行一些设置。而值类别的变量只能用来传递数据，不能对控件进行其他操作。

3. 如何在控件和控件变量之间传递数据？

答：当为一个控件定义一个关联的值变量后，可使用函数 UpdateData 使数据在控件和控件变量之间进行传递。

UpdateData 函数只有一个参数，参数值为 TRUE 或 FALSE。当调用 UpdateData

(FALSE)时,数据由控件变量向控件传输,即将控件变量的值在控件中显示出来;当调用UpdateData(TRUE)或UpdateData时,数据从控件向控件变量复制,即将当前控件上显示的值存储到控件变量中。因此,在需要获取当前控件的值前,一定要调用UpdateData(TRUE)或UpdateData函数。

4. 消息和消息处理函数是如何进行映射的?

答:触发一个事件时,就会产生相应的消息,对这个消息就要有一个响应。响应是由函数来实现的,该函数就称为消息处理函数,它通常是某一个类的成员函数。开发框架应用程序时,编写消息处理函数是程序员的主要任务。

消息映射是把消息与它的消息处理函数关联起来。MFC消息映射机制的具体实现方法是:在每个能接收和处理消息的类中,定义一个消息和消息处理函数的对照表,即消息映射表。在消息映射表中,消息与对应的消息处理函数指针是成对出现的。当有消息需要处理时,程序在映射表中找到该消息的处理函数并调用执行。

可以使用类向导(ClassWizard)建立消息映射,然后从类向导中直接跳到类的源文件的消息处理函数处,编写函数代码。

习题14 菜单和工具栏

1. 如何在已有的菜单中添加一个菜单项、一个弹出菜单?

答:在资源视图中,依次单击加号"+",展开资源树。在Menu结点下双击菜单ID,显示菜单编辑器,右击某个菜单项,弹出快捷菜单,选择"新插入"命令,在该菜单项前添加了一个空的菜单项,在其中输入菜单项名即可。

2. 热键的作用是什么?

答:当按住Alt键不放,再按某菜单项的热键时,打开该菜单项;在某菜单项打开时,按下下拉菜单中某菜单项的热键,某菜单项会被选中。

3. 如何将一个工具按钮和某菜单项命令相结合?

答:工具栏按钮和菜单项相结合意味着,当选择工具按钮或菜单命令时,操作结果是一样的。实现的具体方法是,在工具栏按钮的属性对话框中将按钮的ID设置为相关联的菜单项ID。

现在要使工具栏上刚编辑的按钮与菜单中"显示信息框"菜单项具有相同的功能,具体操作方法是,右击工具栏"新编辑"按钮,选择快捷菜单中的"属性"命令,显示"属性"窗口,选择ID值为ID_SHOW。

如果工具栏按钮对应的菜单项已经添加了消息处理函数,那么就不必再为它添加了,因为它的ID与菜单项相同,所以会调用同样的消息处理函数。这样,单击工具栏按钮与单击相应菜单项执行相同的功能。

第三部分

C语言练习题及参考答案

练习1　基本类型数据及其运算

题目

一、填空题

1. C语言的关键字都用________(大写或小写)。

2. C语言规定用户标识符只能以字母或________开头。

3. 整型数据在内存中以二进制________形式存放。

4. C语言中的________字符是以反斜杠“\ ”开头,后跟规定的单个字符或数字的字符常量。

5. "1"占________字节。

6. 下列程序的运行结果是________。

```
#include <stdio.h>
int main()
{
    short i=-1;
    printf("%x,%hx\n",i,i);
    return 0;
}
```

7. 下列程序的运行结果是________。

```
#include <stdio.h>
int main()
{
    char s='2';
    printf("%d,%o,%x,%c\n ", s,s,s,s);
    return 0;
}
```

8. 下列程序的运行结果是________。

```
#include <stdio.h>
int main()
{
    float f=12.34567;
    printf("%f,%.4f,%4.3f,%10.3f ",f,f,f,f);
    return 0;
}
```

9. 下列程序的运行结果是________。

```
#include <stdio.h>
int main()
{
    printf("%d,%c\n", '5'-'0',5+'0');
    return 0;
}
```

10. 下列程序输入 1␣2␣3 后的运行结果是________。

```
#include <stdio.h>
int main()
{
    int i,j;
    char k;
    scanf("%d%c%d",&i,&k,&j);
    printf("i=%d,k=%c,j=%d\n",i,k,j);
    return 0;
}
```

11. 有下列程序,若输入 9876543210,其运行结果是 ① ;若输入 98␣76␣543210,其运行结果是 ② ;若输入 987654␣3210,其运行结果是 ③ 。

```
#include <stdio.h>
int main()
{
    int x1,x2;
    char y1,y2;
    scanf("%2d%3d%3c%c ",&x1,&x2,&y1,&y2);
    printf("x1=%d,x2=%d,y1=%c,y2=%c\n",x1,x2,y1,y2);
    return 0;
}
```

12. 下列程序的运行结果是________。

```
#include <stdio.h>
int main()
```

```
{
    int x=5,y=10;
    x+=y;
    y=x-y;
    x-=y;
    printf("x=%d,y=%d\n",x,y);
    return 0;
}
```

13. 有下列程序，输入数据 12345ff678，其运行结果是________。

```
#include <stdio.h>
int main()
{
    int  x;
    float  y;
    scanf("%3d%f",&x,&y);
    printf("x=%d,y=%f\n",x,y);
    return 0;
}
```

14. C 语言中规定的标准文件有 3 个，即________、________和________。

15. 指向 C 语言中规定的标准文件的指针分别是________、________和________。

16. C 程序中对普通文件进行读写操作，必须先________，操作后再________。

17. 在 C 语言中，文件操作都是由标准库函数来完成的，对应的头文件是________。

18. 用________方式打开一个文件时，该文件必须已经存在，且只能从该文件读数据。

19. 在对文件进行读写的过程中，若要求文件的位置回到文件开头，应当调用________函数。

二、选择题

1. 下列选项中不可用作 C 语言标识符的是(　　)。

A. a_1　　B. no-1　　C. scanf　　D. _int

2. C 语言提供的合法关键字是(　　)。

A. Float　　B. signed　　C. INT　　D. Char

3. 下列选项中是合法的实型常数的是(　　)。

A. E2　　B. 6E-3.5　　C. 2E0　　D. 1.3E

4. 已知大写字母 A 的 ASCII 码是 65，小写字母 a 的 ASCII 码是 97，则用十六进制表示的字符常量'\x41'是(　　)。

A. 字符 A　　B. 字符 a　　C. 字符 c　　D. 非法的常量

5. 下列选项中是合法转义字符的是(　　)。

A. '\\'　　B. '\018'　　C. 'xab'　　D. '\ab'

6. 下列选项中可作为 C 语言合法整数的是(　　)。

A. 1010B　　B. 0386　　C. 0xffff　　D. x2a2

7. 若有代数式$\frac{3ab}{cd}$,则不正确的 C 语言表达式是(　　)。

A. a/c/d * b * 3　　B. 3 * a * b/c/d

C. 3 * a * b/c * d　　D. a * b/d/c * 3

8. 已知各变量的类型说明如下:

```
int a=2, b=5;
double x=8.5;
```

则下列表达式中符合 C 语言语法的是(　　)。

A. a+=a-=(b=2) * (a=8)　　B. a=b/3=8

C. x%3　　D. x=float(a)

9. 下列选项中符合 C 语言语法的赋值表达式是(　　)。

A. a=b+c=3　　B. a=(b=5, c=b+6)

C. a=b=5, c=b+2　　D. a=4+b++=c+2

10. 在 C 语言中,要求运算数必须是整型的运算符是(　　)。

A. /　　B. ++　　C. *=　　D. %

11. 若有说明语句"char s='\101';",则变量 s(　　)。

A. 包含 1 个字符　　B. 包含 2 个字符

C. 包含 3 个字符　　D. 说明不合法,s 的值不确定

12. 在 C 语言中,char 型数据在内存中的存储形式是(　　)。

A. 补码　　B. 反码　　C. 原码　　D. ASCII 码

13. 设变量 x 为 float 类型,m 为 int 类型,则下列选项中能实现将 x 中的数值保留小数点后 3 位,第 4 位进行四舍五入运算的是(　　)。

A. x=(x * 1000+0.5)/1000.0

B. m=x * 1000+0.5, x=m/1000.0

C. x=x * 1000+0.5/1000.0

D. x=(x/1000+0.5) * 1000.0

14. 设下列变量均为 int 类型,则值不等于 3 的表达式是(　　)。

A. (m=n=2, m+n, m+1)　　B. (m=n=2, m+n, n+1)

C. (m=2, m+1, n=2, m+n)　　D. (m=2, m+1, n=m, n+1)

15. 假设所有变量均为整型,则表达式(x=y=3, y++, x+y)的值是(　　)。

A. 7　　B. 8　　C. 6　　D. 2

16. 已知 c 是字符型变量,下列选项中不正确的赋值语句是(　　)。

A. c='\012';　　B. c= '12';　　C. c='1'+'2';　　D. c=1+2;

17. putchar 函数可以向终端输出一个(　　)。

A. 整型变量表达式值　　B. 字符串

C. 实型变量值　　　　　　　　　　D. 字符

18. 下列程序段的输出结果是(　　)。

```
int a=12345; printf("%4d\n", a);
```

A. 12　　　　B. 34　　　　C. 12345　　　　D. 提示出错

19. 若 a 定义为 int 型,x 定义为 float 型,下列选项中正确的 scanf 函数调用语句是(　　)。

A. scanf("%d%f",a,x);　　　　B. scanf("%d%f",&a, &x);

C. scanf("%x%d",&a,&x);　　　　D. scanf("%f%d",&a,&x);

20. 有如下程序段:

```
int a1,a2;
char c1,c2;
scanf("%d%c%d%c",&a1,&c1,&a2,&c2);
```

若要求 a1、a2、c1、c2 的值分别为 10、20、A、B,正确的数据输入是(　　)。

A. 10A ␣20B　　　　B. 10 ␣A20B

C. 10 ␣A ␣20 ␣B　　　　D. 10A20 ␣B

21. 若变量已正确说明为 int 类型,要通过语句"scanf("%d%d%d", &a,&b,&c);"给 a 赋予 10,b 赋予 20,c 赋予 30,不正确的输入形式为(　　)。

A. 10 ␣20 ␣30　　　　B. 10,20,30

C. 10
20 ␣30　　　　D. 10 ␣20
30

22. 若要使 x1、x2、y1、y2 的值分别为 10、20、A、B,正确的数据输入是(　　)。

```
int x1,x2;
char y1,y2;
scanf("%d,%d",&x1,&x2);
scanf("%c%c",&y1,&y2);
```

A. 1020AB　　　　B. 10 ␣20 ␣ABC

C. 10,20
AB　　　　D. 10,20AB

23. 有下列程序段,从键盘输入数据的正确形式应是(　　)。

```
int x,y;
scanf("x=%d,y=%d",&x,&y);
```

A. 1234　　　　B. x=12,y=34

C. 12,34　　　　D. x=12 ␣y=34

24. 下列程序的执行结果是(　　)。

```
#include <stdio.h>
int main()
```

```
{  int x-2,y-3,z-4;
   printf(" x=%%%d,y=%%d,z=%d",x,y,z);
   return 0;
}
```

A. x＝%2,y＝%3,z＝4　　　　B. x＝%2,y＝%d,z＝3

C. x＝2,y＝3,z＝4　　　　D. x＝%2,y＝%d,z＝4

25. 阅读下列程序，当输入数据的形式为“12,34”，正确的输出结果是(　　)。

```
#include <stdio.h>
int main()
{
    int a,b;
    scanf("%d%d", &a,&b);
    printf("a+b=%d\n",a+b);
    return 0;
}
```

A. a＋b＝46　　　　B. 有语法错误

C. a＋b＝12　　　　D. 不确定值

26. 将一个短型整数 10002 存到磁盘上，以 ASCII 形式和二进制形式存储占用的字节数分别是(　　)。

A. 2 和 2　　B. 2 和 5　　C. 5 和 2　　D. 5 和 5

27. 若执行 fopen 函数时发生错误，则函数的返回值是(　　)。

A. 地址值　　B. NULL　　C. 1　　D. EOF

28. 若用 fopen 函数打开一个新的二进制文件，该文件要既能读也能写，则文件打开方式字符串应是(　　)。

A. "ab+"　　B. "wb+"　　C. "r+"　　D. "ab"

29. 系统的标准输入设备指(　　)。

A. 键盘　　B. 显示器　　C. 软盘　　D. 硬盘

30. fscanf 函数的正确调用形式是(　　)。

A. fscanf(fp,格式字符串,地址表列)

B. fscanf(格式字符串,地址表列,fp)

C. fscanf(格式字符串,文件指针,地址表列)

D. fscanf(文件指针,格式字符串,输出表列)

31. 函数调用语句“fseek(fp,-20L,2);”的含义是(　　)。

A. 将文件位置指针移到距离文件头 20 字节处

B. 将文件位置指针从当前位置向后移动 20 字节

C. 将文件位置指针从文件末尾处后退 20 字节

D. 将文件位置指针移到离当前位置 20 字节处

32. 利用 fseek 函数可实现的操作(　　)。

A. fseek(文件类型指针,起始点,位移量)

B. fseek(fp,位移量,起始点)

C. fseek(位移量,起始点,fp)

D. fseek(起始点,位移量,文件类型指针)

33. 设已正确打开一个已经存在的文本文件,文件中原有数据为 abcdef,新写入的数据为 xyz;若文件中的数据变为 xyzdef,则该文件打开的方式是(　　)。

A. w　　B. w+　　C. a+　　D. r+

34. 文件函数 rewind 的功能是(　　)。

A. 使文件 fp 的位置指针指向文件开始

B. 使文件 fp 的位置指针指向文件末尾

C. 使文件 fp 的位置指针指向文件中间

D. 使文件关闭

35. 以下叙述不正确的是(　　)。

A. C 语言中的文本文件以 ASCII 形式存储数据

B. C 语言中对二进制文件的访问速度比文本文件快

C. C 语言中,随机读写方式不适用于二进制文件

D. C 语言中,顺序读写方式不适用于二进制文件

36. 若要打开 C 盘上 user 子目录下名为 abc.txt 的文本文件进行读写操作,下面符合此要求的函数调用是(　　)。

A. fopen("C:\user\abc.txt","r");

B. fopen("C:\\user\abc.txt","r+");

C. fopen("C:\user\abc.txt","rb");

D. fopen("C:\\user\\abc.txt","w");

37. 有以下程序:

```
#include <stdio.h>
int main ()
{
    FILE * fp; int i=20,j=30,k,n;
    fp=fopen("d1.dat","w");
    fprintf(fp, "%d \n",i);
    fprintf(fp, "%d \n",j);
    fclose (fp);
    fp=fopen("d1.dat", "r");
    fscanf(fp, "%d%d",&k,&n);
    printf("%d %d",k,n);
    return 0;
}
```

程序运行后的输出结果是(　　)。

A. 20　30　　B. 20　50　　C. 30　50　　D. 30　20

38. fopen 函数的第 2 个参数取值"r"和"w"时，它们之间的差别是(　　)。

A. "r"可向文件写入，"w"不但可以向文件写入，而且还可以读出

B. "r"用于从文件中读出数据，"w"用于向文件中写入数据

C. 当文件不存在时，"r"将创建一个文件并读出，"w"将创建文件并写入

D. 当文件不存在时，"r"建立新文件，"w"出错

39. 使用 fseek 函数可以实现的操作是(　　)。

A. 改变文件位置指针的当前位置　　B. 文件的顺序读写

C. 文件的随机读写　　D. 以上都不是

参考答案

一、填空题

1. 小写
2. 下画线
3. 补码
4. 转义
5. 2
6. ffffffff,ffff
7. 50,62,32,2
8. 12.345670,12.3457,12.346,␣␣␣␣␣12.346
9. 5,5
10. i=1,k=　,j=2
11. ① x1=98,x2=765,y1=4,y2=1　② x1=98,x2=76,y1=,y2=3

    ③ x1=98,x2=765,y1=4,y2=2
12. x=10,y=5
13. x=123,y=45.000000
14. 标准输入文件(键盘)　标准输出文件(显示屏幕)

    标准出错信息文件(显示屏幕)
15. stdin　stdout　stderr
16. 打开文件　关闭文件
17. stdio.h
18. "r"
19. rewind

二、选择题

1. B	2. B	3. C	4. A	5. A
6. C	7. C	8. A	9. B	10. D
11. A	12. D	13. B	14. C	15. A
16. B	17. D	18. C	19. B	20. A
21. B	22. D	23. B	24. B	25. D
26. C	27. B	28. B	29. A	30. A
31. C	32. B	33. D	34. A	35. C
36. B	37. A	38. B	39. A	

练习 2　选择结构程序设计

题目

一、填空题

1. 为表示关系 $x \geqslant y \geqslant z$，应使用 C 语言表达式________。
2. 若有"int a=8,b=5,c=3;"，则表达式 a>b&&b<c 的结果是________。
3. 若有"int x=10,y=20;"，则表达式 x>y?x:y 的结果是________。
4. C 语言中用________表示逻辑"假"。
5. 已知"int z;"，表示"z 是奇数"的表达式是________。
6. 已知"int x=15,y=20,z=35;"，表达式 x‖y+z&&y-z 的值是________。

二、选择题

1. 下列程序的输出结果是(　　)。

```
#include <stdio.h>
int main()
{
    int i=0,j=0,k=6;
    if ((++i>0)||(++j>0))   k++;
    printf("%d,%d,%d\n",i,j,k);
    return 0;
}
```

A. 0,0,6　　B. 1,0,7　　C. 1,1,7　　D. 0,1,7

2. 设 a=5, b=6, c=7, d=8, m=2,n=2,执行(m=a>b)&&(n=c>b)后,n 的值为(　　)。

A. 1　　B. 2　　C. 3　　D. 0

3. 设有定义"int x=12,y=20,z=24;",下列语句中执行效果与其他 3 个不同的是(　　)。

A. if(x>y) {x=y;y=z;z=x;}　　B. if(x>y)　x=y,y=z,z=x;
C. if(x>y)　x=y;y=z;z=x;　　D. if(x>y) {x=y,y=z,z=x;}

4. 对于 if 语句的基本形式"if(表达式)语句",其中,表达式(　　)。

A. 可以是任意合法的表达式　　B. 必须是逻辑表达式
C. 必须是关系表达式　　D. 必须是逻辑表达式或关系表达式

5. 下列程序运行时,输入的值为(　　)时才会输出***。

```
#include <stdio.h>
```

```
int main()
{
    int x;
    scanf("%d",&x);
    if(x<=20); else
    if(x!=30)
        printf("* * *");
    return 0;
}
```

A. 大于 20 且不等于 30 的整数　　B. 大于 20 或等于 30 的整数
C. 小于 20 的整数　　D. 不等于 30 的整数

6. 下列程序运行时,输出的值为(　　)。

```
#include <stdio.h>
int main()
{
    int x=1,y=2,z=3;
    if(x==1 &&y++==2)
        if(y!=2 || z--!=3)
            printf("%d,%d,%d\n",x,y,z);
        else
            printf("%d,%d,%d\n",x,y,z);
    else
        printf("%d,%d,%d\n",x,y,z);
    return 0;
}
```

A. 1,2,2　　B. 1,3,2　　C. 1,2,3　　D. 1,3,3

7. C 语言规定：else 子句总是与(　　)配对。
A. 缩排位置相同的 if　　B. 其之前最近的未配对的 if
C. 其之后最近的 if　　D. 同一行上的 if

8. 在 C 语言中,逻辑运算符两侧运算对象的类型(　　)。
A. 可以是任何类型的数据　　B. 只能是 0 或非 0 正数
C. 只能是 0 或 1　　D. 只能是整型或字符型数据

9. 若有“int a,b;”,表达式(Exp)?(--a):(++b),则其中与 Exp 等价的表达式是(　　)。
A. Exp==1　　B. Exp==0　　C. Exp!=1　　D. Exp!=0

10. 执行下列程序段后,x 的值为(　　)。

```
int x='F', k=21, y=32;
x=((k || y)&&(x<'a'));
```

A. 0　　B. −1　　C. NULL　　D. 1

11. 下列程序运行时,输出的值为(　　)。

```
#include <stdio.h>
int main()
{
    int m=20, n=30, k=40;
    if(m>n)
        if(n<k)
            printf("%d",++k);
        else printf("%d",++n);
    printf("%d\n", m++);
    return 0;
}
```

A. 403020　　B. 3121　　C. 20　　D. 40

12. 下列程序运行时,输出的值为(　　)。

```
#include <stdio.h>
int main()
{
    int m=20,n=30,k=40;
    if(m>n) m=n; k=m;
    if(k!=m) k=n;
    printf("%d,%d,%d\n",m,n,k);
    return 0;
}
```

A. 20,30,20　　B. 30,40,30　　C. 40,20,40　　D. 有语法错误

13. fgetc 函数的作用是从指定文件读入一个字符,该文件的打开方式必须是(　　)。

A. 只写　　B. 追加

C. 读或读写　　D. 答案 B 和 C 都正确

14. 下列叙述正确的是(　　)。

A. EOF 只能作为文本文件的结束标志,feof 则可以判断文本文件和二进制文件是否结束

B. feof 只能判断文本文件是否结束,EOF 则可以作为文本文件和二进制文件的结束标志

C. EOF 只能作为文本文件的结束标志,feof 只能判断二进制文件是否结束

D. EOF 只能作为二进制文件的结束标志,feof 只能判断文本文件是否结束

15. 若 fp 是指向某文件的指针,且已读到此文件的末尾,则库函数 feof 的返回值是(　　)。

A. EOF　　B. 0　　C. 1　　D. NULL

三、程序填空题

1. 求 a、b、c 这 3 个数中的最大数。

```
#include <stdio.h>
int main()
{
    int a,b,c,max;
    scanf("%d%d%d", ___①___ );
    if(a>b)
        max=___②___ ;
    else
        max=b ;
    if(___③___)
        max=c ;
    printf("max=%d\n",max);
    return 0;
}
```

2. 从键盘输入一个字符，若是大写字母则将其转换为小写字母；若是小写字母则将其转换为大写字母。

```
#include <stdio.h>
int main()
{
    char ch;
    ch=getchar();
    if(___①___)
        ch=ch+32 ;
    ___②___
    if(ch>='a'&&ch<='z' )
        ch=___③___
    printf("ch=%c\n",ch);
    return 0;
}
```

3. 从键盘输入两个整数，按照从小到大的顺序输出。

```
#include <stdio.h>
int main()
{
    int m,n,t;
    scanf("%d%d", ___①___);
    if(m>n )
    {
        ___②___
        m=n;
        n=t;
    }
    printf("%5d%5d\n",m,n);
```

```
    return 0;
}
```

参考答案

一、填空题

1. x>=y&&y>=z　　2. 0
3. 20　　4. 0
5. z%2==1 或 z%2!=0　　6. 1

二、选择题

1. B　2. B　3. C　4. A　5. A
6. D　7. B　8. A　9. D　10. D
11. C　12. A　13. C　14. A　15. C

三、程序填空题

1. ① &a,&b,&c　② a　③ max<c
2. ① ch>='A'&&ch<='Z'　② else　③ ch-32;
3. ① &m,&n　② t=m;

练习 3　循环结构程序设计

题目

一、填空题

1. 下列程序段中的循环执行次数为________。

```
int  x=10;
while(x)  x=x/2;
```

2. 下列程序的输出结果是________。

```
#include <stdio.h>
int main()
{
    int a=3,b=15;
    do
    {
```

```
        a+=b; b=b/2;
    } while (b>1);
    printf("%d\n",a);}
    return 0;
}
```

3. 下列程序的输出结果是________。

```
#include <stdio.h>
int main()
{
    int k=1,s=0;
    do
    {
        if((k%2)!=0)continue;
        s+=k;k++;
    }while(k>10);
    printf("s=%d\n",s);
    return 0;
}
```

4. 下列程序的输出结果是________。

```
#include <stdio.h>
int main()
{
    int k=1,s=0;
    int i=5;
    do
    {
        if (i%3==1)
            if (i%5==2)
            { printf("*%d", i); break;}
        i++;
    } while(i!=0);
    printf("\n");
    return 0;
}
```

5. 下列程序的输出结果是________。

```
#include <stdio.h>
int main()
{
    int m,n,sum;
    for(m=3;m>=1;m--)
    {
```

```
        sum=0;
        for(n=1;n<=m;n++)
            sum+=m*n;
    }
    printf("%d\n",sum);
    return 0;
}
```

6. 下列程序的输出结果是________。

```
#include <stdio.h>
int main()
{
    int m=10;
    for(; m>0; m--)
    {
        if(m%3)
        {
            printf("%d, ",m--);
            continue;
        }
        printf("%d, ",--m);
    }
    return 0;
}
```

二、选择题

1. 标有//note 的语句的执行次数是(   )。

```
#include <stdio.h>
int main()
{
    int  y=30, i ;
    for(i=0 ; i<20; i++)
    {   if (i%2==0)  continue ;
        y+=i;        //note
    }
    printf("%d",y);
    return 0;
}
```

A. 12　　B. 19　　C. 13　　D. 10

2. 下列程序的输出结果是(   )。

```
#include <stdio.h>
```

```
int main()
{
    int c=5,k;
    for (k=1;k<3;k++)
        switch (k)
        {
            default: c+=k;
            case 2: c++;break;
            case 4: c+=2;break;
        }
    printf("%d\n",c);
    return 0;
}
```

A. 10　　B. 8　　C. 6　　D. 12

3. 下列程序的输出结果是(　　)。

```
#include <stdio.h>
int main()
{
    int m,n;
    for(m=0;m<4;m++,m++)
        for(n=1;n<3;n++); printf("*");
    return 0;
}
```

A. ************　　B. ********　　C. ****　　D. *

4. 下列程序的输出结果是(　　)。

```
#include <stdio.h>
int main()
{
    int m;
    for(m=6;m<10;m++,m++)
        printf("**%d",m);
    return 0;
}
```

A. **6**8　　B. **6**8**10　　C. **6　　D. ***8

5. 下列程序的输出结果是(　　)。

```
#include <stdio.h>
int main()
{
    int k=0;
    do
```

```
    printf("%d,",k);
    while(k++);
    printf("%d\n",k);
    return 0;
}
```

A. 1,0　　B. 0,1　　C. 0,1,2　　D. 无限循环

6. 下列程序的输出结果是(　　)。

```
#include <stdio.h>
int main()
{
    int k=12;
    for(;k>8;k--);
    if(k%2==0) printf("%d",k);
    return 0;
}
```

A. 1210　　B. 12　　C. 8　　D. 无限循环

7. 下列程序的输出结果是(　　)。

```
#include <stdio.h>
int main()
{
    int k=12;
    for(;k>8;k--)
        if(k%2==0) printf("%d,",k);
    return 0;
}
```

A. 12,10,　　B. 12,　　C. 8,　　D. 无限循环

8. 下列程序的输出结果是(　　)。

```
#include <stdio.h>
int main()
{
    int t=98765,x;
    while(t!=0)
    {
        x=t%10;
        printf("%d",x);
        t/=10;
    }
    return 0;
}
```

A. 98765　　B. 56789　　C. 57689　　D. 无限循环

三、程序填空题

1. 计算数的阶乘。

```
#include <stdio.h>
int main()
{
    int i,n; long np;
    scanf("%d",&n);
    np= ___①___
    for (;___②___;)
    np*=i;
    printf("n=%d  n!=%ld\n",n,np);
    return 0;
}
```

2. 计算 1～100 累加之和。

```
#include <stdio.h>
int main()
{
    int i,sum=___①___ ;
    i=1;
    for (___②___)
    {   sum+=i;  i++;  }
    printf("sum=%d \n",sum);
    return 0;
}
```

3. 输入一行字符,分别统计其中英文字母和数字的个数。

```
#include <stdio.h>
int main()
{
    char c;
    int letter=0,digit=0;
    printf("请输入字符串: \n");
    while((c=getchar())!=___①___)
    {
        if(c>='a'&&c<='z'||  ___②___)
            letter++;
          else if(c>='0'&&  ___③___)
            digit++;
    }
    printf("letter=%d  digit=%d\n", letter, digit );
    return 0;
```

```
}
```

4. 从键盘输入 10 个数，求这 10 个数的平均值。

```
#include <stdio.h>
int main()
{
    int n;
    float aver,sum;
    sum=0;
    for(  ①  ;n<=10;n++)
    {
          ②  ;
        sum=sum+aver;
    }
    aver=   ③  ;
    printf("aver=%f \n", aver);
    return 0;
}
```

5. 将文件 file1.c 的内容输出到屏幕上，并复制到文件 file2.c 中。

```
#include<stdio.h>
int main()
{
    FILE  ①  ;
    fp1=fopen("file1.c","r");
    fp2=fopen("file2.c","w");
    while (!feof(fp1))
        putchar(getc(fp1));
      ②  ;
    while (!feof(fp1))
        fputc(  ③  );
    fclose(fp1);
    fclose(fp2);
    return 0;
}
```

参考答案

一、填空题

1. 4　　2. 28

3. 0　　4. *7

5. 1　　6. 10,8,5,4,2

二、选择题

1. D　2. B　3. D　4. A　5. B
6. C　7. A　8. B

三、程序填空题

1. ① i=n;　② --i
2. ① 0　② ;i<=100;
3. ① '\n '　② c>='A'&&c<='Z'　③ c<='9'
4. ① n=1　② scanf("%f ", &aver);　③ sum/10
5. ① *fp1,*fp2　② rewind(fp1)　③ getc(fp1),fp2

练习 4　数　　组

题目

一、填空题

1. 若有定义语句“int a=5;”,则 printf("%d",a++)输出的值是________。

2. 在 C 语言中,二维数组的元素在内存中的存放顺序是________。

3. 若有定义“int a[3][4]={{1,2},{0},{4,6,8,10}};”,则初始化后,a[1][2]的值为________,a[2][1]的值为________。

4. 在程序中,如果调用 strcat 函数,则需要预处理命令________;如果调用 gets 函数,则需要预处理命令________。

5. C 语言数组的下标总是从________开始,不可以为负数;构成数组的各个元素具有相同的________。

6. 字符串是以________为结束标识的一维字符数组。若有定义“char a[]="";”,则 a 数组的长度是________。

7. 判断字符串 a 和 b 是否相等,可使用表达式________。

8. 对字符串进行赋值时,________(可以或不可以)在赋值语句中通过赋值运算对字符数组整体赋值。

9. 对字符串进行大小比较时,________(可以或不可以)用关系运算符对字符数组中的字符串进行比较。

10. "a"与'a'在内存中占有的存储单元大小________(相同或不相同)。

11. 若有定义“int a[10]”,则 a[0]元素的值为________。

12. 数组名表示数组的________。

13. 若有定义“int a[2][3]”,则 a[0]的值是________(常量或是变量)。

14. 数组名________(可以或不可以)与一个整数相加得到一个新地址。

15. C 语言没有字符串变量,只能采用________来存储字符串。

16. 若有定义"char a[8]="a";",则 sizeof(a)的值为________。

二、选择题

1. 下列有关 C 语言字符数组的描述错误的是(　　)。
   A. 不可以用赋值语句给字符数组名赋字符串
   B. 可以用输入语句把字符串整体输入给字符数组
   C. 字符数组中的内容不一定是字符串
   D. 字符数组只能存放字符串

2. 下列选项中对一维整型数组 a 的定义正确的是(　　)。
   A. int a(10);　　B. int n=10,a[n];
   C. int n;
   scanf("%d",&n);
   int a[n];
   D. #define size 10
   int a[size];

3. 在 C 语言中,引用数组元素时,其数组下标的数据类型允许是(　　)。
   A. 整型常量　　B. 整型表达式
   C. 整型常量或整型表达式　　D. 任何类型的表达式

4. 下列选项中不正确的定义语句是(　　)。
   A. double x[5]={2.0,4.0,6.0,8.0,10.0};
   B. int y[5]={0,1,3,5,7,9};
   C. char c1[ ]={ '1', '2', '3', '4', '5'} ;
   D. char c2[ ]={ '\x10', '\xa', '\x8'} ;

5. 下列选项是对 s 的初始化,其中不正确的是(　　)。
   A. char s[5]={"abc"};　　B. char s[5]={'a', 'b', 'c'};
   C. char s[5]= " ";　　D. char s[5]= "abcdef";

6. 若有定义"int a[2][3];",则下列选项中对 a 数组元素引用正确的是(　　)。
   A. a[2][!1]　　B. a[2][3]　　C. a[1][3]　　D. a[1>2][!1]

7. 若有定义语句"int a[3][6];",则按在内存中的存放顺序,a 数组的第 10 个元素是(　　)。
   A. a[0][4]　　B. a[1][3]　　C. a[0][3]　　D. a[1][4]

8. 下列选项中不能对一维数组 a 进行正确初始化的语句是(　　)。
   A. int a[10]={0,0,0,0,0};　　B. int a[10]={};
   C. int a[ ] = {0};　　D. int a[10]={1,2,3,4,5,6,7};

9. VS 2010 中,能对二维数组 a 进行正确初始化的语句是(　　)。
   A. int a[2][]={{1,0,1},{5,2,3}};
   B. int a[][3]={{1,2,3},{4,5,6}};
   C. int a[2][4]={{1,2,3},{4,5},{6}};

D. int a[][3]={{1,0,1},{},{1,1}};

10. 若有说明“int a[3][4]={0};”,则下列叙述正确的是(　　)。

A. 只有元素 a[0][0]可得到初值 0

B. 此说明语句不正确

C. 数组 a 中各元素都可得到初值,但其值不一定为 0

D. 数组 a 中每个元素均可得到初值 0

11. 若二维数组 a 有 m 列,则计算任一元素 a[i][j]在数组中位置的公式是(　　)。

A. i * m+j　　B. j * m+i　　C. i * m+j-1　　D. i * m+j+1

12. 若有说明“int a[][3]={1,2,3,4,5,6,7};”,则数组 a 的第一维大小是(　　)。

A. 2　　B. 3　　C. 4　　D. 无确定值

13. 有两个字符数组 a、b,则下列输入语句中正确的是(　　)。

A. gets(a,b);　　B. scanf("%s%s",a,b);

C. scanf("%s%s",&a,&b);　　D. gets("a"),gets("b");

14. 判断字符串 a 是否大于 b,应当使用(　　)。

A. if(a>b)　　B. if(strcmp(a,b))

C. if(strcmp(b,a)>0)　　D. if(strcmp(a,b)>0)

15. 下列叙述正确的是(　　)。

A. 两个字符串所包含的字符个数相同时,才能比较字符串

B. 字符个数多的字符串比字符个数少的字符串大

C. 字符串"STOP"与"　STOP"相等

D. 字符串"That"小于字符串"The"

16. 下列程序段的输出结果是(　　)。

```
char c[ ]= "\t\v\\\0will\n";
printf("%d",strlen(c));
```

A. 14　　B. 3　　C. 9　　D. 6

17. 下列程序段的输出结果是(　　)。

```
int k,a[3][3]={1,2,3,4,5,6,7,8,9};
for (k=0;k<3;k++) printf("%d",a[k][2-k]);
```

A. 3 5 7　　B. 3 6 9　　C. 1 5 9　　D. 1 4 7

18. 下列程序段的输出结果是(　　)。

```
int i;
char c[5]={'a','b','\0','c','\0'};
for(i=0;i<5;i++)
    printf("%c",c[i]);
```

A. 'a''b'　　B. ab　　C. ab c　　D. abc

19. 下列程序段的输出结果是(　　)。

```
char a[7]="abcdef";
char b[4]="ABC";
strcpy(a,b);
printf("%c",a[5]);
```

A. 空白　　B. \0　　C. e　　D. f

20. 下列程序的输出结果是(　　)。

```
#include <stdio.h>
int main ()
{   char ch[7]="12ab56";
    int i,s=0;
    for (i=0;ch[i]>'0'&&ch[i]<='9';i+=2)
        s=10 * s+ch[i]-'0';
    printf("%d\n",s);
    return 0;
}
```

A. 1　　B. 1256　　C. 12ab56　　D. ab

21. 下列程序的输出结果是(　　)。

```
#include <stdio.h>
int main ()
{
    char str[ ]="SSWLIA", C;
    int k;
    for (k=2;(c=str[k])!='\0';k++)
    {
        switch (c)
        {
            case  'I' :++k; break ;
            case  'L': continue;
            default : putchar(c) ; continue ;
        }
        putchar('*');
    }
    return 0;
}
```

A. ssw　　B. sw*　　C. w*　　D. wa*

22. fgets(str,n,fp)函数的功能是从文件中读出字符串存入 str,以下叙述正确的是(　　)。

A. n 代表最多能读出 n 个字符串

B. n 代表最多能读出 n 个字符

C. n 代表最多能读出 n−1 个字符串

D. n 代表最多能读出 n－1 个字符

23. 以下叙述中错误的是(　　)。

A. 二进制文件打开后可以先读文件的末尾

B. 在程序结束时,应当用 fclose 函数关闭已经打开的文件

C. 在利用 fread 函数从二进制文件中读数据时,可以用数组名给数组中所有元素读入数据

D. 不可以用 file 定义指向二进制文件的文件指针

三、程序填空题

1. 下列程序按指定的数据给 x 数组的下三角置数,并按如下形式输出。请填空使程序完整。

给定数据:

```
4
3 7
2 6 9
1 5 8 10
```

程序代码:

```
#include <stdio.h>
int main()
{
    int x[4][4],n=0,i,j;
    for(j=0;j<4;j++)
        for(i=3;i>=j;____①____)
            {  n++;   x[i][j]=____②____;   }
    for(i=0;i<4;i++)
    {
            for(j=0;j<=i;j++) printf("%3d",x[i][j]);
            printf("\n");
    }
    return 0;
}
```

2. 下列程序段的运行结果是________。

```
char x[ ]="the teacher";
int i=0;
while (x[++i]!='\0')
    if (x[i-1]=='t')
        printf("%c",x[i]);
```

3. 下列程序用两路合并法把两个已按升序(由小到大)排列的数组合并成一个新的升序数组。请填空使程序完整。

```
#include "stdio.h"
int main()
{
    int a[3]={5,9,15} ;
    int b[5]={15,24,26,37,48} ;
    int c[10],i=0,j=0,k=0 ;
    while (i<3 && j<5)
    if (____①____ )
    {
        c[k]=b[j] ; k++; j++;
    }
    else
    {
        c[k]=a[i] ; k++; i++;
    }
    while (____②____ )
    { c[k]=a[i] ; i++; k++; }
    while (____③____)
    { c[k]=b[j] ; j++; k++; }
    for (i=0; i<k; i++) printf("%d ",c[i]);
    return 0;
}
```

4. 下列程序的功能是将二维数组 a 中每个元素向右移一列，最右一列换到最左一列，移动后的结果保存到 b 数组中，并按矩阵形式输出 a 和 b。请填空使程序完整。

```
#include "stdio.h"
int main()
{
    int a[2][3]={{4,5,6},{1,2,3}}, b[2][3],i,j;
    for (i=0;i<2;i++)
    {
        for (j=0;j<3;j++)
        {
            printf("%5d",a[i][j]);
            if (j<2)  ____①____ ;
        }
        printf("\n");
    }
    for(____②____ )
        b[i][0]=a[i][2];
    for(i=0;i<2;i++)
    {
        for(j=0;j<3;j++)
```

```
            printf("%5d",b[i][j]);
        printf("\n");
    }
    return 0;
}
```

5. 下列程序的功能是在一个字符串中查找一个指定的字符，若字符串中包含该字符，则输出该字符在字符串中第一次出现的位置（下标值），否则输出－1。请填空使程序完整。

```
#include "stdio.h"
#include "string.h"
int main()
{  char c='a' ;                  //需要查找的字符
   char t[50] ;
   int i,j,k;
   gets(t) ;
   i=____①____ ;
   for (k=0; k<i; k++)
       if (____②____ )
       { j=k ; break ;}
       else  j=-1;
   printf("%d",j);
   return 0;
}
```

6. 下列程序是将字符串 b 的内容连接在字符数组 a 的内容后面，形成新字符串 a。请填空使程序完整。

```
#include "stdio.h"
#include "string.h"
int main()
{  char a[40]="Great ", b[ ]="Wall";
   int i=0,j=0,k;
   ____①____ ;
   while (a[i]!='\0')   i++;
   while (____②____ )
   {
       a[i]=b[j] ; i++; j++;
   }
   b[j]='\0';
   printf("%s\n",a);
   return 0;
}
```

7. 当运行下列程序时，从键盘上输入 AabD↙，则下列程序的运行结果是________。

```
#include "stdio.h"
int main ()
{
    char s[80];
    int i=0;
    gets(s);
    while (s[i]!='\0')
    {
        if (s[i]<='z' && s[i]>='a')
            s[i]='z'+'a'-s[i] ;
        i++;
    }
    puts(s);
    return 0;
}
```

8. 下列程序的运行结果是________。

```
#include "stdio.h"
int main()
{
    int i=0;
    char a[ ]="abm", b[ ]="aqid", c[10];
    while (a[i]!='\0' && b[i]!='\0')
    {
        if (a[i]>=b[i])
            c[i]=a[i]-32 ;
        else
            c[i]=b[i]-32 ;
        i++;
    }
    c[i]='\0';
    puts(c);
    return 0;
}
```

9. 下列程序的功能是从键盘上输入一个字符串，把该字符串中的小写字母转换为大写字母，输出到文件 test.txt 中，然后从该文件读出字符串并显示出来。请填空使程序完整。

```
#include <stdio.h>
main ()
{
    FILE * fp;
```

```
    char str[100]; int i=0;
    if((fp=fopen("test.txt", ___①___))==NULL)
    {  printf("can't open this file. \n"); exit(0);  }
    printf("input a string:\n"); gets(str);
    while (str[i])
    {
        if (str[i] >'a' && str[i]<='z')
        str[i]=___②___;
        fputc (str[i],fp);
        i++;
    }
    fclose (fp);
    fp=fopen ("test.txt",___③___);
    fgets (str,100,fp);
    printf("%s \n",str);
    fclose (fp);
    return 0;
}
```

参考答案

一、填空题

1. 5
2. 按行存放
3. 0,6
4. #include <string.h>、#include <stdio.h>
5. 0,类型
6. '\0',1
7. strcmp(a,b)==0
8. 不可以
9. 不可以
10. 不相同
11. 随机数
12. 首地址
13. 常量
14. 可以
15. 字符数组
16. 8

二、选择题

1. D	2. D	3. C	4. B	5. D
6. D	7. B	8. B	9. B	10. D
11. A	12. B	13. B	14. D	15. D
16. B	17. A	18. C	19. D	20. A
21. C	22. D	23. D		

三、程序填空题

1. ① i-- ② n
2. he

3. ① a[i]>=b[j]　② i<3　③ j<5

4. ① b[i][j+1]=a[i][j]　② i=0;i<2;i++

5. ① strlen(t)　② t[k]==c

6. ① k=strlen(b)　② j<k

7. AzyD

8. AQM

9. ① "w"　② str[i]-32　③ "r"

练习5　函　　数

题目

一、填空题

1. 函数按它的定义形式可分为无参函数和________。

2. C语言中函数的定义是平行的，不允许嵌套________函数，即不允许在一个函数内再定义另一个函数，但函数可以嵌套________。

3. C语言中的变量根据其作用域的不同，可以分为局部变量和________。

4. 函数的________指在被调函数中又调用了其他函数。

5. 函数的类型应该和return语句中表达式的类型一致。如果二者不一致，则以________类型为准。

6. C语言中，可以通过________语句把函数值返回主调函数。

7. 在C语言中，函数调用有以下3种方式：函数语句、函数表达式和________。

8. 为提高程序的运行速度，在函数中对于自动变量和形参可用________型的变量。

9. 对库函数的调用不必声明，但必须用________命令将相应的头文件放在源文件开头。

10. 在C语言中参数传递有两种方式：值传递和________传递。

二、选择题

1. C语言规定，函数返回值的类型取决于(　　)。

   A. return语句中的表达式类型

   B. 调用该函数时的主调函数类型

   C. 调用该函数时系统临时决定

   D. 定义该函数时所指定的函数类型

2. 若用数组名作为函数调用的实参，传递给形参的是(　　)。

   A. 数组的首地址　　B. 数组第一个元素的值

   C. 数组中全部元素的值　　D. 数组元素的个数

3. 在函数中，未指定存储类别的局部变量，其隐含的存储类别是(　　)。

   A. auto　　B. register

C. extern D. static

4. C 语言中不可以嵌套的是(   )。

A. 函数调用 B. 函数定义 C. 循环语句 D. 选择语句

5. 在函数调用过程中,如果函数 funA 调用了函数 funB,函数 funB 又调用了函数 funA,则(   )。

A. 称为函数的直接递归调用 B. 称为函数的间接递归调用

C. 称为函数的循环调用 D. C 语言中不允许这样的递归调用

6. 下列叙述中正确的是(   )。

A. 局部变量说明为 static 存储类型,其生存期将得到延长

B. 全局变量说明为 static 存储类型,其作用域将被扩大

C. 任何存储类型的变量在未被赋值时,其值都不是确定的

D. 形参可以使用的存储类型说明符与局部变量完全相同

7. 下列函数调用语句中,含有的实参个数是(   )。

```
fun(x+ y,(e1,e2),fun(xy,d,(a,b)));
```

A. 3 B. 4 C. 6 D. 8

8. 有以下函数定义“void fun(int n,double x){…}”,若下列选项中的变量都已正确定义并赋值,则对函数 fun 的正确调用语句是(   )。

A. fun(int y,double m) B. k=fun(10,12.5);

C. fun(x,n) D. void fun(n,x);

9. 下列程序的输出结果是(   )。

```
void fun(int x,int y,int z)
{
    z=x * x+y * y;
}
void main()
{
    int a=31;
    fun(6,3,a);
    printf("%d",a);
}
```

A. 31 B. 6 C. 3 D. 45

10. 下列程序的输出结果是(   )。

```
int fun(int a,int b)
{    if(a>b) return a;
     else return b;
}
void main()
{
```

```
    int x=3,y=8,z=6,r;
    r=fun(fun(x,y),2 * z);
    printf("%d\n",r);
}
```

A. 3　　B. 6　　C. 8　　D. 12

11. 下面的程序执行后，文件 test 中的内容是(　　)。

```
#include <stdio.h>
void fun(char * fname, char * st)
{
    FILE * myf; int i;
    myf=fopen(fname, "w");
    for (i=0; i<strlen(st);i++)
        fputc(st[i],myf);
    fclose(myf);
}
int main ()
{
    fun("test","new world");
    fun("test","hello, ");
    return 0;
}
```

A. hello,　　B. new worldhello,

C. new world　　D. hello,rld

三、程序填空题

1. 求 x 的 y 次方。

```
double fun(double x,int y)
{
    int i;
    double m=1;
    for(i=1;i__①__;i++)
       m=__②__;
    return m;
}
```

2. 求 s=1!+2!+3!+…+10!。

```
#include <stdio.h>
long int fac(int n)
{
    int k=1;
    long int f=1;
```

```
    for(k=1;k<=n;k++)
    ___①___;
    return f;
}
void main()
{
    int n; float sum=0;
    for(n=1;n<=10;n++)
    ___②___;
    printf("%6.3f\n",sum);
}
```

3. 求两个数的最大公约数和最小公倍数。

```
#include <stdio.h>
main()
{
    int m,n,m1,n1,a ;
    printf("输入两个正整数: \n");
    scanf("%d%d",&m,&n);
    m1=m;
    n1=n;
    a=m1%n1;
    while(a!=0)
        {___①___;___②___;___③___;}
    printf("最大公约数是%d\n",n1);
    printf ("最小公倍数是%d\n", m*n/n1);
}
```

4. 以下 isprime 函数的功能是判断形参 a 是否为质数,是质数,函数返回 1,否则返回 0。

```
int isprime(int a)
{   int i;
    for(i=2;i<=a/2;i++)
        if(a%i==0) ___①___;
        ___②___;
}
```

5. fun 函数的功能是:把数组 aa 中下标为偶数的元素按从小到大重新保存在原数组中,其他元素位置不变。

```
#include <stdio.h>
#define N 10
void fun(int aa[])
{
```

```
    int i,j,t;
    for(i=0;i<N;i=i+2)
    {
        for(____①____;j<N;j=j+2)
            if(____②____)
            {
                t=aa[j];aa[j]=aa[i];aa[i]=t;
            }
    }
}
void main()
{
    int i;
    int aa[N]={44,54,61,41,34,51,71,94,65,72};
    printf("\noriginal list\n");
    for(i=0;i<N;i++)
        printf("%4d",aa[i]);
    fun(aa);
    printf("\nnew list\n");
    for(i=0;i<N;i++)
        printf("%4d",aa[i]);
}
```

6. 编写带有函数的程序(函数名为 int fun()),功能是从整数 1～100 中选出能被 3 整除,且有一位上的数是 4 的所有数,并把这些数放在 b 所指的数组中,将这些数的个数作为函数值返回。

结果应该是:24　42　45　48　54　84。

```
int fun(int b[])
{ int k,a1,a2,i=0;
  for(k=10;k<100;k++)
  {  a2=k/10;
     ____①____
     if((k%3==0&&a2==4)||(k%3==0&&a1==4))
       {b[i]=k;i++;}
  }
  ____②____
}
main()
{ int a[100],k,m;
  m=fun(a);
  printf("The result is:\n");
  for(k=0;k<m;k++)
  printf("%4d",a[k]);printf("\n");
}
```

四、程序结果填空题

1. 下列程序的输出结果是________。

```
#include <stdio.h>
float fun(int x,int y)
{
    return x+y;
}
void main()
{
    int a=2,b=5,c=8;
    printf("%3.0f\n",fun((int)fun(a+c,b),a-c));
}
```

2. 下列程序的输出结果是________。

```
#include <stdio.h>
void fun(int x,int y)
{
    int t;
    if(x<y) {t=x;x=y;y=t;}
}
void main()
{     int a=4,b=3,c=5;
      fun(a,b);fun(a,c);fun(b,c);
      printf("%d,%d,%d\n",a,b,c);
}
```

3. 下列程序的输出结果是________。

```
#include <stdio.h>
long fun(int n)
{
    long s;
    if(n==1||n==2)
        s=2;
    else
        s=n+fun(n-1);
    return s;
}
void main()
{
    printf("\n%ld",fun(4));
}
```

4. 下列程序的输出结果是________。

```
#include <stdio.h>
int a=5;
void fun(int b)
{
    static int a=10;
    a+=b++;
    printf("%d\t",a);
}
void main()
{
    int c=20;
    fun(c);
    a+=c++;
    printf("%d",a);
}
```

5. 假设从键盘输入 ABCDEFG12345，下列程序的输出结果是________。

```
#include <stdio.h>
#include <string.h>
void fun(char s[],char t[])
{
    int i,j=0,n=strlen(s);
    for(i=0;i<n;i++)
        if(i%2==0&&s[i]%2!=0);
        else
        {
            t[j++]=s[i];
        }
        t[j]='\0';
}
void main()
{
    char s[100],t[100];
    printf("\nPlease enter string s:");
    scanf("%s",s);
    fun(s,t);
    printf("\nThe result is:%s",t);
}
```

参考答案

一、填空题

1. 有参函数

2. 定义，调用

3. 全局变量　　4. 嵌套调用

5. 函数　　6. return

7. 函数参数　　8. register

9. include　　10. 地址

二、选择题

1. D　　2. A　　3. A　　4. B　　5. B

6. A　　7. A　　8. C　　9. A　　10. D

11. A

三、程序填空题

1. ① i<=y;或 i<y+1;　② m=m * x;　　2. ① f=f * k　② sum=sum+fac(n)

3. ① m1=n1　② n1=a　③ a=m1%n1　　4. ① return 0;　② return 1;

5. ① j=i 或 j=i+2　② aa[i]>aa[j]或 aa[j]<aa[i]

6. ① a1=k%10;　② return i;

四、程序结果填空题

1. 9　　2. 4,3,5

3. 9　　4. 30　25

5. BDF12345

练习 6　指　　针

题目

一、填空题

1. 使用指针变量访问目标变量,也称为对目标变量的________访问。

2. 若 a 是二维数组,则表达式*&*a 代表________指针。

3. 设 p 是指向一维数组的指针变量,++(*p)表示所指向的元素________加 1。

4. 若 a 是二维数组,则*(a+1)表示第 1 行第 0 列元素的________。

5. 指向含有 N 个整型元素的一维数组的指针变量的定义形式为________。

6. 若程序中有语句“string="i am a boy"”,则 string 一定是________变量。

7. 若有定义“char a[]="I am a boy"”,则数组 a 最多能存放________个字符。

8. 设指针变量 p 已指向了具有 5 个元素的指针数组 name,且 name[2]已指向字符串"BASIC",能用 p 正确表示出字符串中字符's'的表达式是________。

9. 若有定义“float *fun(参数列表);”,则 fun 为________函数。

10. 若指针变量 p 指向具有两个实型参数，且返回值为整型的函数，其定义应是________。

11. 若有定义“int a[2][3]={2,4,6,8,10,12};”，则*(&a[0][0]+2*2+1)的值是________，*(a[1]+2)的值是________。

12. 若有定义和语句“int a[4]={0,1,2,3},*p; p=&a[2];”，则*--p的值是________。

13. 若有以下定义和语句：

```
int *p[3],a[6]={0,1,2,3,4,5}, i;
for( i=0; i<3; i++)    p[i]=&a[2*i];
```

则*p[0]的值为________，*(p[1]+1)的值为________。

二、选择题

1. 变量的指针的含义是该变量的(　　)。

A. 名　　B. 地址　　C. 值　　D. 标志

2. 若有程序段“int *p,a=5;p=&a;”，则下列选项中均代表地址的是(　　)。

A. a,p,*&a　　B. &*a,&a,*p

C. *&p,*p,&a　　D. &a,&*p,p

3. 若有定义“int *p,m=5,n;”，则下列选项中正确的是(　　)。

A. p=&n;
scanf("%d",&p);

B. p=&n;
scanf("%d",*p);

C. scanf("%d",&n);
*p=n;

D. p=&n;
*p=m;

4. 若有定义“int *p,a;”且“p=&a;”，则语句“scanf("%d",*p);”一定是错误的，其错误原因是(　　)。

A. *p 表示的是指针变量 p 的地址

B. *p 表示的是目标变量 a 的值，而不是目标变量 a 的地址

C. *p 表示的是指针变量 p 的值

D. *p 只能用来说明 p 是一个指针变量

5. 若有定义“int a[5],*p=a;”，能正确引用 a 数组元素的是(　　)。

A. *&a[5]　　B. a+2　　C. *(p+5)　　D. *(a+2)

6. 若有定义“int a[10],*p=a;”，则 p+5 表示(　　)。

A. 元素 a[5]的地址　　B. 元素 a[5]的值

C. 元素 a[4]的地址　　D. 元素 a[6]的值

7. 若有定义“int a[10]={1,2,3,4,5,6,7,8,9,10},*p;”，则下列语句中正确的是(　　)。

A. for(p=a;a<(p+10);a++)

B. for(p=a;p<(a+10);p++)

C. for(p=a,a=a+10;p<a;p++)

D. for(p=a;p<a+10;++a)

8. 已有程序段“int a[4][5],(*p)[5];p=a;”,则能够正确引用数组元素的是( )。

A. p+1 B. *(p+3) C. *(p+1)+3 D. *(p[0]+2)

9. 若有定义“int a[2][3];”,则能正确表示第i行第j列元素地址的是( )。

A. *(a[i]+j) B. (a+i) C. *(a+j) D. a[i]+j

10. 若有定义“char a[10],*b=a;”,则不能给a输入字符串的是( )。

A. gets(a); B. gets(a[0]); C. gets(&a[0]); D. gets(b);

11. 若有定义“char a[]="I am a boy",*b=" I am a boy";”,则下列叙述错误的是( )。

A. a+3表示的是字符m的地址

B. b指向其他字符串时,字符串的长度不受限制

C. b中存放的地址值可以改变

D. b中存放的地址就是数组a的首地址

12. 若函数的首部定义为“int fun(float a[10],int *x)”,则下列选项中能对此函数正确声明的是( )。

A. int fun(float a,int *x); B. int fun(float,int);

C. int fun(float *a,int x); D. int fun(float a[],int *);

13. 若要进行a++运算,对a的说明应是( )。

A. int a[4][3]; B. char *a[]={"aaa","bbbb"};

C. char (*a)[3]; D. int (*a)(int);

14. 若有定义“int b[4][6],*p,*q[4];”,且0≤i<4,则不能正确赋值的语句是( )。

A. q[i]=b[i]; B. p=b;

C. p=b[i]; D. q[i]=&b[0][0];

15. 下列选项中能通过编译的程序段是( )。

A.
```
int main()
{
    int a[3]={1,2,3};
    int *b[3]={&a[0],&a[1],&a[2]};
    int **p=b;
    return 0;
}
```

B.
```
int main()
{
    int a[3]={1,2,3};
    int *b[3]={a[0],a[1],a[2]};
    int **p=b;
```

```
    return 0;
}
```

C.
```
int main()
{
    int a[3]={1,2,3};
    int *b[3]={&a[0],&a[1],&a[2]};
    int *p=b;
    return 0;
}
```

D.
```
int main()
{
    int a[3]={1,2,3};
    int *b[3]={&a[0],&a[1],&a[2]};
    int *p=&b;
    return 0;
}
```

16. 下面判断正确的是(　　)。

A. “char *a="china";”等价于“char *a; *a="china";”

B. “char str[10]={"china"};”等价于“char str[10];str[]={"china"};”

C. “char *s="china";”等价于“char *s; s="china";”

D. “char c[4]="abc",d[4]="abc";”等价于“char c[4]=d[4]="abc";”

17. 若有以下定义和语句,则对a数组元素地址的正确引用为(　　)。

```
int a[2][3], (*p)[3];p=a;
```

A. *(p+2)　　B. p[2]　　C. p[1]+1　　D. (p+1)+2

18. 若有以下定义和赋值语句,则对b数组的第i行第j列元素的非法引用为(　　)。

```
int b[2][3]={0}, (*p)[3];p=b;
```

A. *(*(p+i)+j)　　B. *(p[i]+j)

C. *(p+i)+j　　D. (*(p+i))[j]

19. 若有定义“int a[]={2,4,6,8,10,12,14,16,18,20,22,24},*q[4],k;”,则下面程序段的输出结果是(　　)。

```
for(k=0;k<4;k++) q[k]=&a[k*3];
printf("%d\n",q[3][0]);
```

A. 8　　B. 16

C. 20　　D. 输出项不合法,结果不确定

20. 语句“int (*prt)();”的含义是(　　)。

A. prt是指向一维数组的指针变量

B. prt是指向int型数据的指针变量

C. prt 是指向函数的指针，该函数返回一个 int 型数据

D. prt 是一个函数名，该函数的返回值是指向 int 型数据的指针

三、程序填空题

1. 下面程序用于判断输入的字符串是否是“回文”(顺读和倒读都相同的字符串称“回文”，如 level)。请填空。

```
#include <stdio.h>
#include <string.h>
int main()
{
    char s[81], * p1, * p2;
    int n;
    gets(s)
    n=strlen(s);
    p1=s;
    p2=___①___;
    while(___②___)
    {   if(* p1!= * p2) break;
        else { p1++; ___③___ ; }
    }
    if(p1<p2) printf("No\n");
    else printf("Yes\n");
}
```

2. 函数 fun 的功能是求出能整除 x 且不是偶数的各个整数，顺序存放在数组 pp 中，这些除数的个数通过形参返回。

例如，若 x 值为 30，则有 4 个数符合要求，分别是 1,3,5,15。

```
void fun(int x,int pp[], ___①___ n)
{  int i,j=0;
   for (i=1;i<=x;i++)
       if(i%2!=0&&x%i==0)
       { pp[j]=i;j++; }
   ___②___ =j;
}
int main()
{  int x,aa[100],n,i;
   printf("Please enter a number:\n");
   scanf("%d",&x);
   fun(x,aa,&n);
   for(i=0; ___③___ ;i++)
       printf("%3d",aa[i]);
   printf("\n");
```

```
    return 0;
}
```

3. 下列程序的功能是实现数组元素的转置。

```
#include <stdio.h>
int main()
{
    void invert(int *p,int x);
    int i,n=10;
    int a[10]={1,2,3,4,5,6,7,8,9,10};
    invert(a,n-1);
    for(i=0;i<10;i++)
        printf("%5d",a[i]);
    printf("\n");
    return 0;
}
void invert(int *p,int x)
{
    int *temp,k;
    temp=p+x;
    while(___①___)
    {
        k=*p;
        ___②___=*temp;
        ___③___=k;
    }
}
```

4.下列程序的功能是从键盘上输入一行字符,并存入字符数组中,然后输出由该行字符构成的字符串。

```
#include <stdio.h>
#include <string.h>
int main()
{
    char str[80],*p;
    int i;
    for(i=0;i<80;i++)
    {
        str[i]=getchar();
        if(str[i]=='\n')
            break;
    }
    str[i]=___①___;
    p=str;
```

```
    while(*p)
        putchar(*p ② );
    printf("\n");
    return 0;
}
```

5. 下列程序的功能是将字符变量的值插入已按ASCII码值排好序的字符串中。

```
#include <stdio.h>
#include <string.h>
int main()
{
    void insert(char *str,char c,int *n);
    char string[80],*sp,ctemp;
    int n;
    sp=string;
    gets(sp);
    scanf("%c",&ctemp);
    n=strlen(sp);
    insert(sp,ctemp,&n);
    puts(sp);
    return 0;
}
void insert(char *str,char c,int *n)
{
    int i,p=0;
    while(c>str[p])
        ① ;
    for(i=*n;i>=p;i--)
        ② ;
    str[p]=c;
    str[++*n]='\0';
}
```

6. 下列程序的功能是对字符串中的字符按升序排列。

```
#include <stdio.h>
#include <string.h>
int main()
{
    void sort(char *p);
    char string[80];
    char *str;
    str=string;
    gets(str);
    sort(str);
```

```
    puts(str);
    return 0;
}
void sort(char * p)
{
    char t;
    char * p1, * p2;
    for(p1=p;p1<  ①  ;p1++)
        for(p2=p;p2<  ②  ;p2++)
            if(  ③  )
            {
                t= * (p2);
                * (p2) = * (p2+1);
                * (p2+1) =t;
            }
}
```

7. 下列程序的功能是输出 4 个字符串。

```
#include <stdio.h>
int main()
{
    char * str[]={"aaa","bbb","ccc","ddd"};
    char **p;
    int i;
    for(  ①  ,i=0;i<4;i++,  ②  )
    {
        printf("%s\n",  ③  );
    }
    return 0;
}
```

8. 下列程序的功能是输出整数 1～55 中能被 3 整除，且有一位数字是 5 的所有数。

```
#include <stdio.h>
void fun(int b[],int * p)
{
    int k,a1,a2;
    for(k=10;k<55;k++)
    {
        a2=k/10;
        a1=k-a2 * 10;
        if((k%3==0&&a2==5)||(k%3==0&&a1==5))
        {
            b[  ①  ++]=k;
        }
```

```
    }
}
int main()
{
    int a[100],k=0,i;
    int *p;
    p=&k;
    __②__;
    printf("The result is:\n");
    for(i=0;i<*p;i++)
        printf("%4d",a[i]);
    printf("\n");
    return 0;
}
```

9. 下列程序的功能是用指向函数的指针输出 max 和 min 函数的值。

```
#include <stdio.h>
int max(int a,int b)
{
    return a;
}
int min(int a,int b)
{
    return b;
}
int main()
{
    int __①__;
    int (*q)(int,int);
    int a=100,b=50,i;
    name[0]=max;
    name[1]=min;
    for(i=0;i<2;i++)
    {
        q=name[i];
        printf("%4d", __②__);
    }
    printf("\n");
    return 0;
}
```

四、程序结果选择题

1. 已有语句“int a=25;pri(&a);”,则下列函数输出的结果是(　　)。

```
void pri(int * n)
{ printf("%d\n",++ * n);  }
```

A. 24　　B. 25　　C. 26　　D. 27

2. 下列程序段运行后的输出结果是(　　)。

```
int m=1,n=2, * p=&m, * q=&n, * r;
r=p;p=q;q=r;
printf("%d,%d,%d,%d\n",m,n, * p, * q);
```

A. 1,2, 1,2　　B. 1,2,2,1　　C. 2,1,2,1　　D. 2,1,1,2

3. 下列程序段运行后的输出结果是(　　)。

```
int a=1,b=3,c=5;
int * p1=&a, * p2=&b, * p=&c;
 * p= * p1 * ( * p2);
printf("%d\n",c);
```

A. 1　　B. 3　　C. 5　　D. 不确定

4. 下列程序段运行后的输出结果是(　　)。

```
int a,b=4,c=4;
int * p1=&b, * p2=&c;
a=p1==&c;
printf("%d\n",a);
```

A. 4　　B. 2　　C. 0　　D. 变量C的地址

5. 下列程序段运行后a的值是(　　)。

```
int a,b[]={1,2,3,4,5,6,7,8,9,10};
int * p=&b[5];
a=p[3];
```

A. 3　　B. 4　　C. 5　　D. 9

6. 下列程序段运行后的输出结果是(　　)。

```
int a[]={10,20,30}, * p=a;
printf("%d, ",++ * p);      printf("%d, ", * p);
p=a;
printf("%d, ",( * p)++);     printf("%d, ", * p);
p=a;
printf("%d, ", * p++);     printf("%d, ", * p);
p=a;
printf("%d, ", * ++p);     printf("%d, ", * p);
```

A. 11,11,11,12,12,20,20,20　　B. 20,10,11,10,11,10,11,10

C. 11,11,11,12,12,13,20,20　　D. 20,10,11,20,11,12,20,20

7. 下列程序段运行后的输出结果是(　　)。

```
char * s="abcddc";
s+=2;
printf("%d",s);
```

A. cdc　　B. 字符'c'　　C. 字符 c 的地址　　D. 不确定的值

8. 下列程序段运行后的输出结果是(　　)。

```
void fun(char * c,int d)
{
     * c= * c+1;
    d=d+1;
    printf("%c,%c,", * c,d);
}
int main()
{
    char a='A',b='a';
    fun(&b,a);
    printf("%c,%c\n",a,b);
    return 0;
}
```

A. B,a,B,a　　B. a,B,a,B　　C. A,b,A,b　　D. b,B,A,b

9. 下列程序段运行后的输出结果是(　　)。

```
char * string[]={"Computer","Internet","Software","Program","C"};
char **p;
p=string+2;
printf("%o\n", * p);
```

A. string[2]元素的地址

B. 字符串 Software

C. string[2]元素的值,即字符串 Software 的首地址

D. 定义不准确,无法得到确定的值

10. 下列程序段运行后的输出结果是(　　)。

```
char * string[3]={"Computer","Internet","Software"};
char **p=string;
printf("%c  %s\n", * ( * (string+1)+1), * (p+1));
```

A. C　I　　B. n　n　　C. n　Internet　　D. C　Internet

参考答案

一、填空题

1. 间接　　2. 列

3. 值

4. 地址

5. int (*p)[N];

6. 指针

7. 11

8. *(*(p+2)+2)

9. 返回指针值的

10. int (*p)(float,float);

11. 12　　12

12. 1

13. 0　　3

二、选择题

1. B	2. D	3. D	4. B	5. D
6. A	7. B	8. D	9. D	10. B
11. D	12. D	13. C	14. B	15. A
16. C	17. C	18. C	19. C	20. C

三、程序填空题

	①	②	③
1.	s+n-1	p1<p2	p2--
2.	int*	*n	i<n
3.	p<temp	*p++	*temp--
4.	'\0'	++	
5.	p++	str[i]=str[i-1]	
6.	p+strlen(p)	p+strlen(p)-1	*(p2)>*(p2+1)
7.	p=str	p++	*p
8.	(*p)	fun(a,p)	
9.	(*name[2])(int,int)	(*q)(a,b)	

四、程序结果选择题

1. C	2. B	3. B	4. C	5. D
6. A	7. C	8. D	9. C	10. C

练习 7　结构体与共用体

题目

一、填空题

1. 有下列结构体定义：

```
struct student
{   int no;
```

```
    char name[10];
    char sex;
}stud;
```

则 stud 所占的内存空间是________字节。

2. 已有定义和语句：

```
union data
{   int i;
    char c;
    float f;
}a, * p;
p=&a;
```

则对 a 中成员 c 的正确访问形式可以是________。

3. 有以下定义：

```
struct {int x; int y; }a[2]={{0,2},{4,6}}, * p=a;
```

则表达式++p->x 的值是________。

4. 若有以下说明和定义语句，则变量 w 在内存中所占的字节数是________。

```
union aa
{ float x; int b;char c[2];};
struct st { union aa x; float f[5]; double sum; } w;
```

5. 下列程序段用于构造一个简单的单向链表，请填空。

```
struct  node
{     int x;
      _______ * p;
} a, b;
a.x=0; a.p=&b;
b.x=0; b.p=NULL;
```

6. 下列程序的运行结果是________。

```
#include <stdio.h>
#include <string.h>
typedef struct student
{
    int no;
    char name[10];
}stu;
int main()
{
    stu a={1201,"zhangyu"},b={1202, "Jangnan"},c={1203, " Leilei"},d, * p=&d;
    d=a;
```

```
    if(strcmp(a.name,b.name)>0)   d=b;
    if(strcmp(c.name,d.name)>0)   d=c;
    printf("%d  %s\n",d.no,p->name);
    return 0;
}
```

7. 下列程序的运行结果是________。

```
#include <stdio.h>
struct stu
{ int x; char c; };
int main()
{
    void func(struct stu c);
    struct stu a={200, 'm'};
    func(a);
    printf ("%d,%c", a.x, a.c);
    return 0;
}
void func(struct stu b)
{
    b.x=100;   b.c='n';
}
```

8. 下列程序的运行结果是________。

```
#include <stdio.h>
struct stu{ int a; char *c; float score;};
int main()
{
    struct  stu  x={41101,"LiMing",95};
    struct  stu  *p=&x;
    printf("%d  %s  %.1f\n", x.a,p->c, (*p).score);
    return 0;
}
```

9. 下列程序的运行结果是________。

```
#include <stdio.h>
struct stu
{ int x; char c; };
int main()
{
    void func(struct stu *c);
    struct stu a={2000, 'm'};
    func(&a);
```

```
    printf ("%d,%c", a.x, a.c);
    return 0;
}
void func(struct stu * b)
{
    b->x=1000;   b->c='n';
}
```

10. 下列程序的运行结果是________。

```
#include <stdio.h>
struct stu {
    int num;
    char name[10];
    int age;
};
void f(struct stu * p)
{
    printf("%s\n",( * p).name);
}
int main()
{
    struct stu s[3]={ {4101,"Wang",18}, {4102,"Li",19}, {4103,"Zhang",20} };
    f(s+1);
    return 0;
}
```

二、选择题

1. 在定义一个结构体变量时,系统分配给它的存储空间是(　　)。

A. 该结构体中第一个成员所需的存储空间

B. 该结构体中最后一个成员所需的存储空间

C. 该结构体中占用最大存储空间的成员所需的存储空间

D. 该结构体中所有成员所需的存储空间的总和

2. 若有下列说明语句:

```
struct  student
{ int no;   char * name;  }stu,  * p=&stu;
```

则下列引用方式不正确的是(　　)。

A. stu.no　　B. (*p).no　　C. p->no　　D. stu-> no

3. 有下列定义:

```
struct  date { int year; int month;  int day; };
```

```
struct  { char name[20]; char sex; struct date birthday; }person;
```

则下列赋值语句中正确的是(　　)。

A. year=1980　　B. birthday.year=1980

C. person.birthday.year=1980　　D. person.year=1980

4. 设有如下说明语句：

```
struct s { int a; float b; }type;
```

则下列叙述中不正确的是(　　)。

A. struct 是结构体类型的关键字

B. struct s 是用户定义的结构体类型

C. type 是用户定义的结构体类型名

D. a 和 b 都是结构体成员名

5. 下列程序的运行结果是(　　)。

```
struct  date { int year; int month; int day; };
struct student{ char name[10]; char sex; struct date birthday; }stu;
printf("%d\n",sizeof(struct student));
```

A. 15　　B. 17　　C. 24　　D. 12

6. 设有如下定义：

```
struct ss{ char name[10];int age;char sex;} std[3], * p=std;
```

则下列输入语句错误的是(　　)。

A. scanf("%d",&(*p).age);　　B. scanf("%s",&std.name);

C. scanf("%c",&std[0].sex);　　D. scanf("%c",&(p->sex))

7. 下列结构类型可用来构造链表的是(　　)。

A. struct aa{ int a;int *b;};

B. struct bb{ int a;struct bb *b;};

C. struct cc{ int *a;struct cc b;};

D. struct dd{ int *a;struct aa b;};

8. 下列叙述中错误的是(　　)。

A. 可以通过 typedef 增加新的类型

B. 可以用 typedef 将已存在的类型用一个新的名字来代表

C. 用 typedef 定义新的类型名后,原有类型名仍有效

D. 用 typedef 可以为各种类型起别名,但不能为变量起别名

9. 根据下列定义,能打印出字母 M 的语句是(　　)。

```
struct person { char name[9]; int age;};
struct person class[10]={"John",17, "Paul",19,"Mary",18, "Adam",16};
```

A. printf("%c\n",class[3].name);

B. printf("%c\n",class[3].name[1]);

C. printf("%c\n",class[2].name[1]);

D. printf("%c\n",class[2].name[0]);

10. 设有下列语句：

```
struct st {int n; struct st * next;};
struct st a[3]={5,&a[1],7,&a[2],9,NULL}, * p;
p=&a[0];
```

则表达式(　　)的值是6。

A. p++->n　　B. p->n++　　C. (*p).n++　　D. ++p->n

11. 有下列程序：

```
#include <stdio.h>
union pw
{  int i; char ch[2]; } a;
int main()
{  a.ch[0]=13; a.ch[1]=0; printf("%hd\n",a.i);  return 0;}
```

则程序的输出结果是(　　)。(注意：ch[0]在低字节，ch[1]在高字节)

A. 13　　B. 14　　C. 208　　D. 209

12. 在C程序中，可把整型数以二进制形式存放到文件中的函数是(　　)。

A. fprintf()　　B. fread()　　C. fwrite()　　D. fputc()

13. 如下程序执行后，c:\abc文件的内容是(　　)。

```
#include<stdio.h>
int main()
{    FILE * fp; char * str1="sound"; char * str2="picur";
     if ((fp=fopen("c:\\abc", "w+"))==NULL)
     {    printf("Can't open abc file \n");
          exit(1);
     }
     fwrite(str2,6,1,fp); fseek(fp,0L,SEEK_SET);
     fwrite(str1,5,1,fp); fclose(fp);
     return 0;
}
```

A. sound　　B. picture　　C. sourdr　　D. 为空

参考答案

一、填空题

1. 15　　2. p->c

3. 1　　4. 32

5. struct　node　　　　6. 1202　Jangnan

7. 200,m　　　　　　　8. 41101　LiMing　95.0

9. 1000,n　　　　　　10. Li

二、选择题

1. D	2. D	3. C	4. C	5. C
6. B	7. B	8. A	9. D	10. D
11. A	12. C	13. A		

练习 8　位　运　算

题目

一、填空题

1. 设有“char a,b;”,若要通过 a&b 运算屏蔽掉 a 中的其他位,只保留第 2 位和第 8 位(右起为第 0 位),则 b 对应的二进制数是________。

2. 测试 char 型变量 a 第 6 位是否为 1 的表达式是________(设最右位是第 0 位)。

3. 设二进制数 x 的值是 11001101,若想通过 x&y 运算使 x 中的低 4 位不变,高 4 位清零,则 y 的二进制数是________。

4. 设 x 是一个整数(16bit),若要通过 x|y 使 x 低 8 位置 1,高 8 位不变,则 y 的二进制数是________。

5. 设 x=10100011,若要通过 x^y 使 x 的高 4 位取反,低 4 位不变,则 y 的二进制数是________。

6. 下列程序的运行结果是________。

```
#include <stdio.h>
int main()
{
    unsigned a,b;
    a=0x9a;
    b=~ a;
    printf("b:%x\n",b);
    return 0;
}
```

7. 下列程序的运行结果是________。

```
#include <stdio.h>
int main()
```

```
{
    unsigned a=0112,x,y,z;
    x=a>>3;
    printf("x=%o,",x);
    y=~ (~ 0<<4);
    printf("y=%o,",y);
    z=x&y;
    printf("z=%o\n",z);
    return 0;
}
```

8. 下列程序的运行结果是________。

```
#include <stdio.h>
int main()
{
    unsigned a=0361,x,y;
    int n=5;
    x=a<<(16-n);
    printf("x=%o,",x);
    y=a>>n;
    printf("y1=%o,",y);
    y|=x;
    printf("y2=%o,",y);
    return 0;
}
```

9. 下列程序的运行结果是________。

```
#include <stdio.h>
int main()
{
    char a=0x95,b,c;
    b=(a&0xf)<<4;
    c=(a&0xf0)>>4;
    a=b|c;
    printf("%x\n",a);
    return 0;
}
```

10. 下列程序的输出结果是________。

```
#include <stdio.h>
int  main()
{
    int x=5;
    char z='a' ;
```

```
    printf(" %d\n",(x&1)&&(z<'z'));
    return 0;
}
```

二、选择题

1. 设有定义语句“char c1=80,c2=80;”,则下列表达式为零的是(　　)。

A. c1&c2　　B. c1^c2　　C. ~c2　　D. c1|c2

2. 设“int a=2;”,则表达式(a<<2)/(a>>1)的值是(　　)。

A. 0　　B. 2　　C. 4　　D. 8

3. 下列运算符中优先级最低的是(　　)。

A. &&　　B. &　　C. ||　　D. |

4. 在C语言中,要求运算数必须是整型或字符型的运算符是(　　)。

A. &&　　B. &　　C. !　　D. ||

5. 若x=2,y=3,则x&y的结果是(　　)。

A. 0　　B. 2　　C. 3　　D. 5

6. 在执行完下列语句后,B的值是(　　)。

```
char  Z='H';
int  B;
B=((241&15)&&(Z|'h'));
```

A. 0　　B. 1　　C. TURE　　D. FALSE

7. 若有下列程序段,则执行下列语句后x、y的值分别是(　　)。

```
int x=1,y=2;
x=x^y;
y=y^x;
x=x^y;
```

A. x=1,y=2　　B. x=2,y=2　　C. x=2,y=1　　D. x=1,y=1

8. 在位运算中,操作数每右移一位,其结果相当于(　　)。

A. 操作数乘以2　　B. 操作数除以2

C. 操作数除以4　　D. 操作数乘以4

9. 在位运算中,操作数每左移一位,其结果相当于(　　)。

A. 操作数乘以2　　B. 操作数除以2

C. 操作数除以4　　D. 操作数乘以4

10. 下列程序的输出结果是(　　)。

A. 100　　B. 80　　C. 64　　D. 32

```
#include <stdio.h>
int main()
{
```

```
char x=040;
printf("%o\n",x<<1);
return 0;
}
```

参考答案

一、填空题

1. 100000100B
2. (a&0x40)==1
3. 00001111B
4. 0000000011111111B
5. 11110000B
6. b：ffffff65
7. x=11,y=17,z=11
8. x=1704000,y1=7,y2=1704007
9. 59
10. 1

二、选择题

1. B　2. D　3. C　4. B　5. B
6. B　7. C　8. B　9. A　10. A

练习9　C++基础

题目

一、填空题

1. 类是将不同类型的________和与这些数据相关的运算封装在一起的集合体。

2. 用关键字________限定的成员称为私有成员。

3. 私有成员限定在该类的内部使用，即只允许该类中的________函数使用私有的成员数据。

4. 私有的成员函数只能被该类内的________函数调用。

5. 用关键字________限定的成员称为公有成员，可以在类内或类外自由使用。

6. 用关键字________限定的成员称为保护成员，只允许在类内及该类的派生类中使用保护的数据或函数。

7. 如果未加说明，类中成员默认的访问权限是________。

8. 类的________称为对象。

9. 在建立对象时，只为对象分配用于保存________成员的内存空间，而成员函数的代码为该类的每一个对象所共享。

10. 一个对象的成员就是该对象的类所定义的成员，有________和成员函数，引用时用“.”运算符。

11. 用成员选择运算符“.”只能访问对象的________,而不能访问对象的私有成员或保护成员。

12. 要访问对象的________的数据成员,只能通过对象的公有成员函数。

13. 构造函数在创建________时,使用给定的值将对象初始化。

14. 析构函数在系统________对象前,对对象做一些善后工作。

15. 构造函数可以带________、可以重载,同时没有返回值。

16. 在 C++ 中所谓“继承”就是在一个已存在的类的基础上建立一个________的类。已存在的类称为基类,新建立的类称为派生类。

17. 一个派生类可以从________个基类派生,也可以从多个基类派生。

18. 公有派生时,基类中________成员在派生类中保持各个成员的访问权限。

二、选择题

1. 下列是 C++ 语言的有效标识符的是(　　)。

A. N01　　B. No.1　　C. 12345　　D. int

2. 语句“for(int a=0,x=0;!x && a<=10;a++) { a++; }”执行后,a 的值为(　　)。

A. 10　　B. 11　　C. 12　　D. 0

3. 对类成员访问权限的控制,是通过设置成员的访问控制属性实现的,下列不是访问控制属性的是(　　)。

A. 公有类型　　B. 私有类型　　C. 保护类型　　D. 友元类型

4. 在类的定义中,用于为对象分配内存空间,对类的数据成员进行初始化的函数是(　　)。

A. 友元函数　　B. 虚函数　　C. 构造函数　　D. 析构函数

5. 类的析构函数的作用是(　　)。

A. 一般成员函数的初始化　　B. 类的初始化

C. 对象的初始化　　D. 对象生存期结束时做些清理工作

6. 对类的构造函数和析构函数描述正确的是(　　)。

A. 构造函数可以重载,析构函数不能重载

B. 构造函数不能重载,析构函数可以重载

C. 构造函数可以重载,析构函数也可以重载

D. 构造函数不能重载,析构函数也不能重载

7. 为了使类中的某个成员不能被类的对象通过成员操作符访问,不能把该成员的访问权限定义为(　　)。

A. public　　B. protected　　C. private　　D. static

8. 类的析构函数是在(　　)调用的。

A. 类创建时　　B. 创建对象时　　C. 删除对象时　　D. 定义类时

9. 设有数组定义“char array[]="China";”,则数组 array 所占的空间为(　　)。

A. 4 字节　　B. 5 字节　　C. 6 字节　　D. 7 字节

10. 下列关于构造函数说法不正确的是(   )。

A. 构造函数必须与类同名

B. 构造函数可以省略不写

C. 构造函数必须有返回值

D. 在构造函数中可以对类中的成员进行初始化

11. 下列函数中,(   )不能重载。

A. 成员函数　　B. 非成员函数　　C. 析构函数　　D. 构造函数

12. 系统在调用重载函数时,往往根据一些条件确定哪个重载函数被调用。在下列选项中,不能作为依据的是(   )。

A. 参数个数　　B. 参数的类型　　C. 函数名称　　D. 函数的类型

13. 下列不是构造函数特征的是(   )。

A. 构造函数的函数名与类名相同　　B. 构造函数可以重载

C. 构造函数可以设置默认参数　　D. 构造函数必须指定类型说明

14. 下列是析构函数特征的是(   )。

A. 析构函数可以有一个或多个参数　　B. 析构函数名与类名不同

C. 析构函数的定义只能在类体内　　D. 一个类中只能定义一个析构函数

15. 重载函数在调用时选择的依据中,(   )是错误的。

A. 参数个数　　B. 参数的类型　　C. 函数名字　　D. 函数的类型

16. 在下列关键字中,用于说明类中公有成员的是(   )。

A. public　　B. private　　C. protected　　D. friend

17. 下列对派生类的描述中,错误的是(   )。

A. 一个派生类可以做另一个派生类的基类

B. 派生类至少有一个基类

C. 派生类的成员除了它自己的成员外,还包含了它的基类的成员

D. 派生类中继承的基类成员的访问权限在派生类中保持不变

18. 派生类的对象对它的基类成员中(   )是可以访问的。

A. 公有继承的公有成员　　B. 公有继承的私有成员

C. 公有继承的保护成员　　D. 私有继承的公有成员

19. 在类定义的外部,可以被访问的成员有(   )。

A. 所有类成员　　B. private 或 protected 的类成员

C. public 的类成员　　D. public 或 private 的类成员

20. 声明一个类的对象时,系统自动调用(   )。

A. 成员函数　　B. 构造函数　　C. 析构函数　　D. 普通函数

三、写出程序结果

```
#include <iostream>
using namespace std;
class A
```

```
{
    private:
        int a;
    public:
        A(){a=0;}
        A(int i){a=i;}
        void Print(){cout<<a<<",";}
};
class B:public A
{
    private:
        int b1,b2;
    public:
        B(){b1=0;b2=0;}
        B(int i){b1=1;b2=0;}
        B(int i,int j,int k):A(i){b1=j, b2=k; }
        void Print()
        {
            A::Print();
            cout<<b1<<","<<b2<<endl;
        }
};
int main()
{
    B ob1,ob2(1),ob3(3,6,9);
    ob1.Print();
    ob2.Print();
    ob3.Print();
    return 0;
}
```

参考答案

一、填空题

1. 数据
2. private
3. 成员
4. 成员
5. public
6. protected
7. private
8. 变量
9. 数据
10. 数据成员
11. 公有成员
12. 私有
13. 对象
14. 释放

15. 参数　　　　16. 新

17. 一　　　　18. 所有

二、选择题

1. A	2. C	3. D	4. C	5. D
6. A	7. A	8. C	9. C	10. C
11. C	12. D	13. D	14. D	15. D
16. A	17. D	18. A	19. C	20. B

三、写出程序结果

运行结果：

```
0,0,0
0,1,0
3,6,9
```

练习 10　Windows 编程

题目

填空题

1. Windows API 中,API 的英文全文为________,中文译文是应用程序接口。

2. MFC 的英文全文为 Microsoft Foundation Classes,中文译文是________。

3. Windows 应用程序中主函数名称为________。

4. 注册应用程序窗口类的 API 函数是________。

5. 创建已注册窗口类窗口的 API 函数是________。

6. 显示窗口的 API 函数是________。

7. 更新窗口的 API 函数是________。

8. 负责从应用程序的消息队列中检取消息的 API 函数是________。

9. 负责将消息发送给窗口过程函数的 API 函数是________。

10. MFC 应用程序向导能够创建三种应用程序类型：单文档应用程序、多文档应用程序和________的应用程序。

11. 单文档应用程序一次只能打开________文档框架窗口。

12. 解决方案文件扩展名为________。

13. MFC 生成的项目文件扩展名为________。

14. 文档应用程序中的窗口可分为两类：一类是应用程序主窗口,另一类是________。

15. 对于________应用程序来说，文档窗口和主框架窗口是一致的，即主框架窗口就是文档窗口。

16. 对于多文档应用程序，文档窗口是主框架窗口的________。

17. 控件变量有两种类别：Control 和________。

18. 当调用________时，数据由控件变量向控件传输。

19. 当调用________时，数据从控件向控件变量复制，即将当前控件上显示的值存储到控件变量中。

20. 用来将对话框显示出来的函数是________。

参考答案

填空题

1. Application Programming Interface	2. 微软基础类库
3. WinMain	4. RegisterClass
5. CreateWindow	6. ShowWindow
7. UpdateWindow	8. GetMessage
9. DispatchMessage	10. 基于对话框
11. 一个	12. sln
13. vcxproj	14. 文档窗口
15. 单文档	16. 子窗口
17. Value	18. UpdateData(FALSE)
19. UpdateData(TRUE)或 UpdateData()	20. DoModal

参 考 文 献

[1] 谭浩强. C程序设计(第四版)学习辅导[M]. 北京：清华大学出版社，2010.

[2] 焉德军，刘明才. 计算机基础与C语言程序设计实验指导[M]. 北京：清华大学出版社，2012.

[3] 王朝晖. C语言程序设计学习与实验指导[M]. 2版. 北京：清华大学出版社，2013.

[4] 温秀梅，高丽婷，丁学钧. Visual C++面向对象程序设计教程与实验[M]. 3版. 北京：清华大学出版社，2017.

[5] 郑阿奇，丁有和. Visual C++应用教程[M]. 北京：人民邮电出版社，2011.

[6] 陈松，刘颖. C++程序设计进阶教程——从C到Visual C++[M]. 北京：清华大学出版社，2013.

[7] 黄永才，金韬，等. Visual C++程序设计[M]. 北京：清华大学出版社，2017.

图书资源支持

感谢您一直以来对清华版图书的支持和爱护。为了配合本书的使用，本书提供配套的资源，有需求的读者请扫描下方的“书圈”微信公众号二维码，在图书专区下载，也可以拨打电话或发送电子邮件咨询。

如果您在使用本书的过程中遇到了什么问题，或者有相关图书出版计划，也请您发邮件告诉我们，以便我们更好地为您服务。

我们的联系方式：

地　　址：北京市海淀区双清路学研大厦 A 座 714

邮　　编：100084

电　　话：010-83470236　010-83470237

客服邮箱：2301891038@qq.com

QQ：2301891038（请写明您的单位和姓名）

资源下载：关注公众号“书圈”下载配套资源。

资源下载、样书申请

书圈

图书案例

清华计算机学堂

观看课程直播